GRAVITATIONAL WAVES

少年微科普系列

引力波

——时空之海的涟漪

胡星 编著

浙江教育出版社·杭州

前　言

我们生活在一颗蔚蓝色的星球上。

在郊外晴朗的夜空，我们可以看到满天星斗，一闪一闪。灿烂星空激发了古人无数的想象："迢迢牵牛星，皎皎河汉女"的美丽爱情；"北斗七星高，哥舒夜带刀"的大漠追逐……

你知道吗？天上的这些星星大都和太阳一样闪亮，只不过距离我们很远，所以看起来才显得有些暗淡。数百至数千亿颗像太阳一样的星星构成了我们所在的银河系。

如果运气好的话，抬头仰望，我们可以看到一条乳白色光带，这就是银河。这条光带和银河系有什么关系？银河系到底什么样子？

其实，我们在喝咖啡时就可以制作银河系的模型：

○ 首先，取一杯咖啡和一些奶油。

○ 然后，用勺子搅动咖啡，使咖啡在碗里转动。

○ 接着，一边转动，一边向咖啡里裱出一条长长的奶油。

制作银河系的模型。

这样，你就做成了一个银河系模型，它旋涡状的样子和我们的银河系很像。当然，银河系比咖啡杯大多了，而且也不会散发出咖啡的香味。

银河系的直径大得惊人，长达10万光年，要知道，1光年是光在一年中行进的距离——大约是9.46万亿千米！

我们所在的太阳系就在这个旋涡的一条臂上，闭上眼睛，想象自己身处旋涡中，往银河系中心看，会看到什么？对，就是一条乳白色光带！这就是我们在夜空中看到的银河。

四百多年前，伽利略第一次透过望远镜望向天空，他看到了不一样的宇宙：太阳黑子、木星的卫星、月球上的山脉、银河系中难以计数的新恒星……现在，众所周知，地球是围绕太阳公转的行星之一，银河系中还有很多像太阳一样的天体。我们还知道，银河系外还有很多其他星系，有些和银河系一样是旋涡状的，还有些是椭圆状、环状、棒状的，这些河外星系和银河系一起，在茫茫太空中飞行。

但宇宙实在太大了，我们探索宇宙，就像一条小鱼试图探索茫茫大海。而且让人超级郁闷的是，星尘和气体还会不时地跑出来扰乱我们的视线！可喜的是，现在，引力波被发现了，除了天文望远镜外，我们又有了另外一个探索宇宙的利器！它携带着与电磁波截然不同的信息，提供给我们一种全新的感觉：听觉。

“天空和以前不同了，想象你可以触摸，可以闻，可以尝，可以看——然后有一天，你也听得到了。”发现引力波的科学家这样说。

宇宙中存在各种各样的星系。

通过引力波探测，人类或许可以重新绘制银河系的地图，标记出各种奇异的天体：神秘且危险的黑洞、耀眼的超新星、致密的中子星、假想的奇异星，或许还有适合人类居住的行星——这就如同绘制一部关于银河系的《山海经》！

通过引力波探测，人类或许可以理解星系中央超巨型黑洞的诞生和生长过程，了解星系的合并，甚至将时间拉回宇宙起源的瞬间，通过寻找原初引力波，拼凑宇宙大爆炸后宇宙成长的细节。

科幻小说家的想象走得更远，他们早在引力波被发现之前，就在探知引力波的效用了。在刘慈欣的科幻小说《三体》中，地球文明遭到外星三体文明的侵袭，而人类用引力波发射器将三体星的坐标发射到宇宙中，引来其他高阶文明对三体文明的毁灭，引力波是人类威慑三体人的重要武器。

在电影《星际穿越》中，男主人公利用引力波，在不同维度的时空传递信息，拯救女儿和地球上的人类。

这一切，是不是听起来像科幻小说？引力波是真实存在的哦！接下来，我们马上就要探索引力波这根魔法杖了！

赶快一起来参与吧！

目录

历史篇

千万光年我追寻着"你"

History

① 主宰一切的引力

时间:13亿年前

坐标:不详,超级遥远的星系

两个黑洞锁成一个螺旋,彼此绕转,然后碰撞,将与三个太阳等质量的物质,在十分之一秒内转化为纯粹的能量。但这些能量不以光的形式释放,因为它们是黑洞!我想,你也许会猜到,这些能量注入时空中,激起引力波的涟漪……

两个黑洞绕转,然后合并。

下面,让我们将目光转向13亿年后的地球。

互联网即时快报

最新 最快

人类探测到了引力波

时间:2016年2月11日

坐标:地球

一场举世瞩目的新闻发布会正在美国举行。发布会上,美国激光干涉引力波天文台(LIGO,读作“赖狗”)抛出一个爆炸性消息——他们探测到了引力波!

经过13亿年的旅行，黑洞合并爆发的引力波终于抵达地球，被地球上最灵敏的LIGO探测器捕捉到！

这是人类历史上首次探测到引力波。相信这一刻过后，“引力波”三个字就会以链式反应般的速度引爆全球。

科学家们已经打开香槟，准备庆祝了！

一波未平，一波又起

2016年6月16日，LIGO再次宣布直接探测到了引力波，这次是来自14亿年前的两个黑洞的合并！

看到这里，你可能会有些丈二和尚摸不着头脑，为什么引力波的发现让人们如此激动，甚至让全世界都为之沸腾？到底什么是引力波？

“引力波是时空之海的涟漪，是爱因斯坦于1916年在广义相对论中预测的、以光速传播的时空波动。”科学家这么说。

时空涟漪？时空波动？有点糊涂了吧？

为了了解引力波，我们还是从最简单的引力说起吧！透过引力，你可以看到很多有趣的事实：

苹果为什么会砸到地上，而不是飞向太空？

地球是圆的，你为什么不会从地球上掉下去？还有，地球另外一面“头朝下”的人为什么也不会掉下去？

地球绕太阳运转，什么力拉住了地球？

为什么会有潮汐现象？众多的星体为何聚集？

现在，戴好时空安全帽，找个位置坐好，我们的探秘旅程马上就要开始了！

为天空“立法”

让我们乘坐时光机回到400年前，穿越到引力概念诞生前的“黑暗时期”。那时候，哥白尼的日心说还未被大众接受，人们大多相信地球是宇宙的中心。因为宣传日心说，布鲁诺被烧死在火刑柱上，伽利略也被软禁。

但真理往往掌握在少数人手中。最黑暗的夜晚过去之后，终于迎来了黎明的曙光——“天空立法者”开普勒出现了。开普勒结合他的老师第谷的观测数据总结出以下运动规律：五大行星都以椭圆轨迹绕太阳运转；越靠近太阳的行星，运转得越快……

这是人类第一次为天体运动“订立”运动规则，开普勒也因此被尊称为“天空立法者”。

小链接

开普勒第一定律

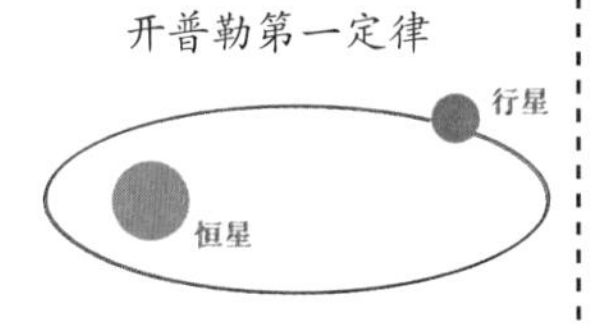

椭圆定律：所有行星绕太阳运动的轨道都是椭圆。

开普勒第二定律

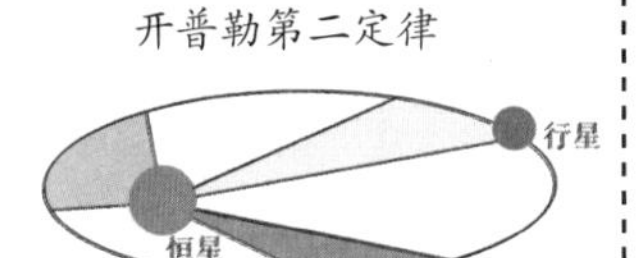

面积定律：行星和太阳的连线在相等的时间间隔内扫过相等的面积。

开普勒第三定律

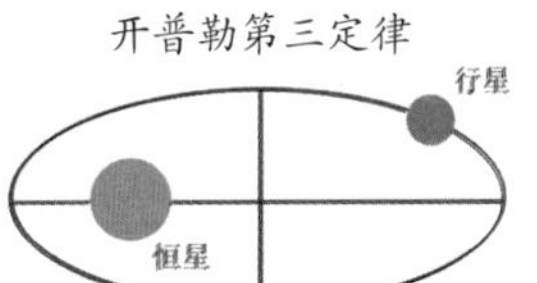

调和定律：所有行星绕太阳运动一周的时间的平方与它们轨道半长轴的立方成比例。（编者注：这个有点深奥，不过上高中后你就会懂的）

开普勒还是一名科幻小说家，他写了一个故事《梦》。在这个故事中，他的母亲是一名巫婆，向来自月球的怪物学习太空旅行的知识。有人把故事报告给官方，他们居然以为这是真的！结果他的母亲被人从家里拖了出来，并遭受严刑拷打。最后，开普勒不得不向人求助，才将他的母亲救了出来。

根据伽利略的理论，物体总是喜欢做匀速直线运动。那么，为什么行星会遵照开普勒的“订立”的规则做椭圆运动？是什么约束它们在一个固定轨道运行？运行的速度又是怎么计算的？

没有人能回答。

这时候，象征灾难的“扫把星”——彗星出现了。

彗星

我们的祖先仰望星空，寻找星空中传递的信息。星星告诉他们何时能安营扎寨，兽群何时将迁徙，天气何时会变冷。

他们观察星星的运动与地球上生命周期变化之间的关系，很自然地得出结论：天上发生的变化必然和地球上发生的事情息息相关。

人们将彗星和战争对应起来。

于是，当星空中突然有外来者出现，比如，当彗星划过天际时，人们就会和自身联系起来。

不同文明对彗星的解读不同，但有一点相同，都认为其意味着厄运——对古代中国人来说，彗星是扫把星，意味着灾难；对东非的马赛人来说，彗星意味着饥荒；对南非的祖鲁人来说，彗星意味着战争；而对1664年的欧洲来说，则意味着一场大瘟疫。那场瘟疫很快席卷了整个伦敦，不少市民相继死去。我们今天的主角，正在剑桥读书的牛顿离开了学校，回到住在乡下的母亲身边。

科学史上最有名的苹果落地了

一天，牛顿在花园中沉思，忽然一只苹果从树上掉了下来。望着掉落的苹果，一个个问题掠过他的脑海：

苹果为什么会掉在地上呢？是什么力拉住了它？

吸引苹果的可能是地球。这个力朝向地球的中心，所以地球上所有的物体都会往地上掉，比如雨水会滴落到地上，树叶也会飘落到地上……

他继续思考，地面上有引力，很高的山上呢？那里也有引力，而且相比于地面，并没有明显的减弱。那么，这个力必然延伸到很远的地方，能延伸到多远呢？

正是因为引力，处在地球另一端的人不会从地球上掉下去。

天色渐渐晚了，月球升了起来。牛顿抬头看着月球，自言自语："会不会延伸到和月球一样高？如果将天上的月球看作一个很大的苹果，若是地球对它也有一个引力，那它为什么不像苹果一样落向地球呢？月球难道不受地球引力的作用吗？"

一连串的问题划过，他的脑海中出现这样一幅画面，一个巨人站在一座很高很高的山上，往前方扔石头。如果他用很小的力，石头在空中飞行的速度不大，就会慢慢落到地面上；如果他用力扔，石头飞行的速度很大很大，飞行轨迹的弯曲程度和地球表面弯曲的程度相同，那么石头就永远不会落在地面上，这块石头就能像月球那样永远绕着地球旋转下去了！

陡然间，他明白了：把苹果拉向地面的力，与使月球绕着地球旋转的力实际上是同一种力！

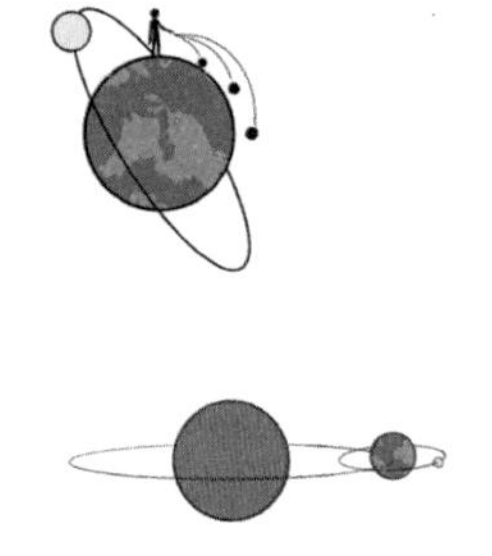

万有引力的发现：地球引力将苹果吸引在地球上→地球引力将月球吸引在轨道上→太阳引力将地球吸引在轨道上→所有物体都会互相吸引。

他通宵达旦地计算力的大小。但是，当计算不出来时，他把这个想法暂时搁置了。

牛顿和哈雷

1682年,又一颗彗星出现在英国的夜空,这再次引起人们的恐慌。

当人们用惊恐的目光看着这个拖着弯弯尾巴的“怪物”时,天文学家哈雷却连夜对其进行观察,记录它在星空中的运行轨迹。他确信这不是“怪物”,但也有很多问题让他百思不得其解:

为什么彗星如此运行?它和行星的运行轨迹有什么本质区别吗?

为什么行星围绕太阳的运行轨迹是椭圆?

难道是太阳发出某种看不见的力量,导致这种运动的吗?

如果是,又是如何导致的?可以用一个简单的数学规律描述吗?

他去剑桥大学向牛顿请教。

“是引力!”牛顿明确地告诉哈雷,“它和距离的平方成反比,这也是天体沿椭圆轨道运动的原因。”

牛顿竟然对此早就清楚,而且还做过精确的计算!这令哈雷十分吃惊:“您是怎么知道的?”

“我早就算出来了。”牛顿得意地说道,并起身寻找被他随手放置的草稿纸。

只是他的房间太乱了,草稿纸到处都是,怎么都找不到。

“别着急,我重新做一份寄给你。”

牛顿重新研究历史上其他科学家的成果,从哥白尼的“日心说”到开普勒的行星运动三大定律,将太阳、地球、月球联系起来:如果地球引力将月球吸引到其轨道上,那么太阳引力是不是就能将地球吸引到其轨道上?

牛顿的思绪飞出月球,飞出太阳,飞到更大的空间里。他提出:宇宙间的物体,大到天体,小到尘埃,都存在互相吸引的力,这可以称作万有引力。正是地球对它附近物体的引力,使得水向低处流、抛出的石块落向地面;正是月球以及太阳对地球上海水的引力,形成了地球上的潮汐现象……

有形和无形

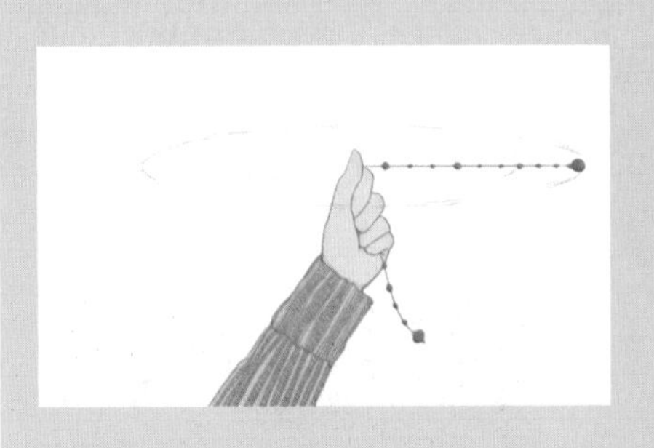

用细线拴住一颗珠子甩动，珠子会绕手做圆周运动。

月球绕地球运转，行星围绕太阳运转，不过它们不是被绳子，而是被无形的引力拉住的。

小链接

万有引力公式：$F = G \times \frac{m_1 m_2}{r^2}$。

其中G表示引力常量，约为$6.67\times10^{-11}\mathrm{N}\cdot\mathrm{m}^2/\mathrm{kg}^2$；$m_1$，$m_2$表示两个物体的质量，$r$为两个物体之间的距离。

现在，我们就可以估算引力的大小了！假如你的质量是40千克，你的小伙伴的质量是45千克，你们相隔1米，那么你们之间的引力大约是0.00000012牛。这还不如蚊子扇动翅膀产生的风力大呢，与地球对你的引力相比，简直弱爆了！

这些思想都被收入牛顿著名的《自然哲学的数学原理》一书中。这是现代物理学的开山之作，在这本书中，牛顿使用微积分（我们今天最常用的高等数学工具）描述普通物体三大运动定律、天体之间的万有引力定律等基本物理规律。这些规律不只适用于地球，也适用于整个宇宙！

接下来，我们就去看看万有引力是如何在宇宙中大显身手的吧！

案例一　哈雷成了预言家

根据牛顿的理论，哈雷对1337年至1682年间的24颗彗星的运行轨道及出现时间进行了分析。他发现，彗星被太阳束缚在长椭圆的轨道上，而且，1682年出现的那颗彗星与1531年、1607年出现的彗星的运行轨迹十分相似。

等一下，这几个数字似乎隐含着某种规律！

$$1607-1531=76,$$

$$1682-1607=75。$$

这3颗彗星出现的时间间隔几乎一样！难道这3颗彗星并不是3颗不同的彗星，而是同一颗彗星3次经过地球？

哈雷彗星。

那么，这颗彗星是否还会第四次经过地球呢？一番思考之后，他做出了惊世预言：1758年，这颗彗星会再度出现！

果然，在哈雷逝世16年后的1758年，这颗彗星又一次出现在了英国的夜空中。

此后，科学界将这颗彗星命名为"哈雷彗星"，它每隔76年就要光顾地球一次。哈雷彗星的下一个到访日期是2061年。现在，请把这个日期写进记事本，提醒自己到时去看哦！

彗星为什么被称为"扫把星"

彗星其实就是个"脏雪球"，它由宇宙尘埃及大量的冰块组成。哈雷彗星的质量达3000亿吨，沿一条扁平的椭圆轨道绕太阳运动，当它运动到离太阳很近时，表面会被太阳烤到很高的温度，这样，彗星表面就会发生强烈的蒸发，这些气态物质在太阳风的吹拂下，形成一条长长的尾巴，就像扫把一样。

从那之后，人们再也不会像祖先一样，对彗星感到恐惧了。万有引力将我们从未知带来的恐惧中解放，人们开始用科学的眼光观察宇宙，不再盲目崇拜：宇宙和我们地球一样，也是受法则（数学和物理规律）支配的！

案例二　笔尖下推断出新行星

牛顿的理论可以解释地球上大部分物体的运动以及地球和其他行星的宏观运动，而海王星的发现更是将牛顿的理论推上了顶峰。

1781年，科学家发现天王星后，对它的轨道进行了计算，发现计算值和观测值仍有误差：天王星并没有按照“预算”的轨道运行，它摇摇晃晃，时快时慢，像个醉汉一样。

难道牛顿的万有引力对远距离的星体不再适用了吗？有人这样推测：或许天王星旁边有一颗“隐形”的星星，它用巨大的力量“拖”着天王星，让天王星玩起了漂移。

这颗星星真的存在吗？天文学家把望远镜对准天王星前后的大片天区，希望捕捉到这颗未知的星星。德国哥廷根皇家学院甚至专门设立了巨额奖金，计划奖赏第一个发现这颗行星的人，但奖金一直没人领。

转机出现在1845年，英国的亚当斯和法国的勒维耶这两位青年天文学家，根据牛顿的万有引力定律几乎同时推算出这颗星星的轨道。

勒维耶给德国柏林天文台的天文学家加勒写了一封信：“请把您的望远镜对准宝瓶座，黄道上黄经326°，在这个位置1°的范围内，一定能找到新的行星。这是一颗九等星！”

1846年9月23日，加勒果然在勒维耶指定的天区发现了这颗星星。这就是太阳系第八颗行星——海王星。这一天，被评为“牛顿力学最辉煌的一天”。

海王星的质量大约是地球的17倍，人们用罗马神话中尼普顿（Neptunus）的名字为它命名。因为尼普顿是海神，所以中文译为海王星。

这一发现再次证明了牛顿万有引力定律的准确性。从此，牛顿万有引力定律牢牢地扎根在每一个人的心中，牛顿也代替一千多年前的**托勒密**，成为这一领域的权威。

托勒密是古希腊天文学家、地理学家、占星学家和光学家，是“地心说”的集大成者。

引力档案

1. 宇宙间所有的物体之间都会产生引力。

2. 地球的引力把你拉向地球，你的引力也把地球拉向你！

3. 离地球越远，地球的引力就越小。还好是这样，要不然，我们根本不能进入太空！

随着苹果落下，牛顿重新描绘了宇宙图景。众多的星体为何聚集，形成按照轨道运转的天体系统？是由外星生物安排的吗？不。是万有引力而已。

引力是怎么产生的

牛顿的理论解释了为什么行星会围绕太阳运转，也为我们打破了地球的枷锁——我们开始尝试太空旅行了！我们的思想离开地球，越走越远。但是还有一个问题始终没有解决，那就是引力的产生机制。

就连牛顿自己，也对这个新朋友感到很困惑：“不通过任何媒介而把作用力施加到另一个物体上，这太荒谬了！我想任何一个有着正常哲学思维的人都不会这么认为的。”

引力是怎么产生的？它的传递难道不需要时间吗？是什么力量使地球开始转动的？

对最后一个问题，牛顿沉思半晌也无法作答，最终将问题抛给了上帝：也许是上帝之手吧！上帝推了地球一把，然后地球就这样无休止地转下去了！

那时候，望远镜还有待改进，摄影和光谱技术还未走进天文学，恒星和星云的化学成分尚未确定。引力的命运又将如何呢？

让我们放缓脚步，跟随着牛顿，从最著名的波——光开始，看一场旷日持久的关于“光是什么”的争论战。而正是两个世纪以后，随着爱因斯坦对光的思考，解开了牛顿关于引力的疑惑。

1969年7月20日，人类第一次登月，图为在月球上的美国宇航员巴兹·奥尔德林。根据月球的质量和半径计算，月球表面的重力是地球表面的$\frac{1}{6}$。也就是说，月球对物体的引力比地球对物体的引力小。那么，这位宇航员在月球上，原地跳一下，就可以跳出好几米呢！

牛顿的“上帝之手”。

② “光是什么”的波粒之争

1672年的一个清晨，寒风凛冽中，一位风尘仆仆的年轻人叩开了英国皇家学会的大门，他小心翼翼地托着一架自制的反射式望远镜，除此之外，他的手中还有一篇关于光和颜色理论的论文。

这位年轻人便是牛顿，时年29岁。时至今日，这架望远镜仍被珍藏在英国皇家学会的图书馆中，而这篇论文则掀开了人类历史上关于“光是什么”的波粒之争的帷幕。

牛顿的反射式望远镜。

“光是什么”之稀奇古怪的古人观点	古怪指数
古波斯的一些人认为，世界由光明与黑暗两种力量组成。	★★☆☆☆
古希腊的**柏拉图**和**欧几里得**认为，光是一种从我们眼睛里发射出去的东西，当它到达某些东西的时候，这些东西就被我们看见了。	★★★★☆
古希腊的**毕达哥拉斯**和**德谟克里特**认为，光是由物体发出，再传入人眼让我们感受到的，而非人眼发出的物质。	★★★☆☆

第一次波粒之争:牛顿和惠更斯的争辩

牛顿手中的论文是关于著名的色散实验的。一直以来,人们对他做实验的情景津津乐道:炎热的夏天,牛顿待在一间小屋里。窗户全都被封死,所有的窗帘也都被拉上,屋子里面一片漆黑,只有一束光,从一个特意留出的小孔里面射进来。牛顿不顾身上汗如雨下,全神贯注地在屋子里走来走去,不时地把手里的三棱镜放在光前进的路线上——原来的那束白光不见了,在屋子的墙上映射出了一条长长的彩色宽带,颜色从红一直到紫!

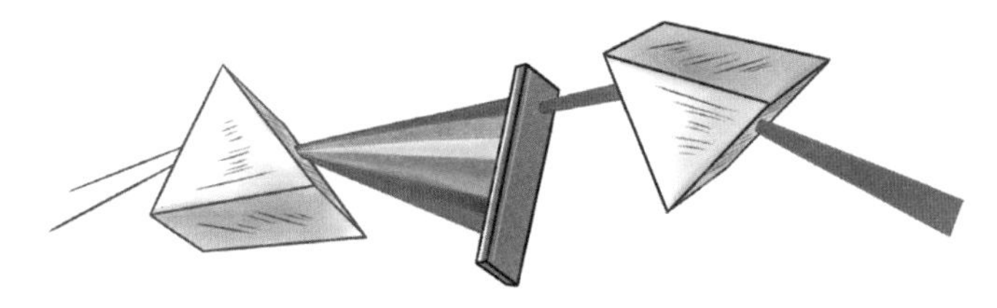

牛顿的色散实验。

这些彩色光是怎么来的?是由玻璃棱镜制造出来的吗?为了弄清这一点,他让彩虹中的红光再通过棱镜,他发现出来的仍然是一条窄窄的光带,红光并没有被进一步分解。

“白光是由不同颜色的光混合而成的!”牛顿得出结论。这时,他回想起希腊人关于物质都是由一些不可分离的微粒组成的观点,认为白光是由不可再分、不同颜色的“光粒”组成的。

而当时,学术界的主流观点认为:光是一种波。在这之前不久(1655年),意大利数学教授格里马第发现,光不全是沿直线传播的,让一束光穿过一个非常小的孔(直径小于1毫米)照到暗室屏幕上,形成的光影会明显变宽。

这与水波遇到障碍物时发生的现象有点像,于是他猜想,光可能是一种能够做波浪式运动的流体。这就是我们今天称为“光的衍射”的现象,格里马第成为光的波动说的最早倡导者。

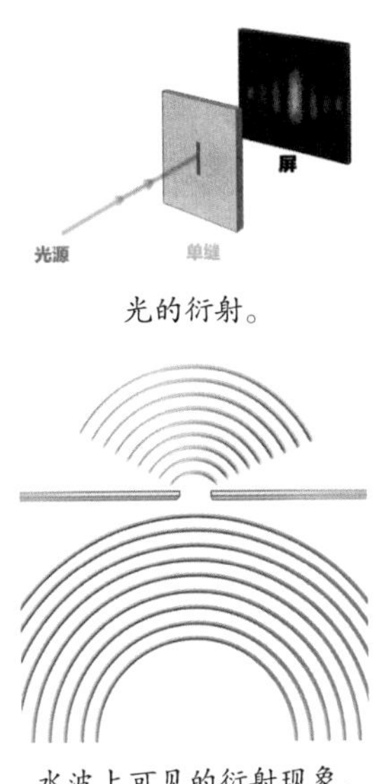

光的衍射。

水波上可见的衍射现象。

于是，当牛顿的论文在英国皇家学会被宣读时，他的理论遭到了评议委员会成员的一致反对，其中尤以显微镜的发明者——**胡克**表现得最为激烈。早在七年前，即1665年，胡克就在《显微术》一书中，明确支持波动说，认为光的不同颜色是波动频率的不同引起的。他认为牛顿关于色彩复合的观点窃取了他的思想。

除了英国皇家学会的评委们，还有很多人倾向于波动说，最为著名的就是荷兰物理学家、天文学家惠更斯。惠更斯是介于伽利略与牛顿之间一位重要的物理学先驱，是历史上最著名的物理学家之一。他仔细对比了牛顿和格里马第的光学实验，认为有很多现象是微粒说无法解释的。其中最不好解释的一点就是，如果光是由微粒组成，那么两束光在交叉时为什么没有发生碰撞而散射开来？

新的发现也让问题更加扑朔迷离。有位丹麦哲学家在研究冰岛特有的一种冰洲石(透明的方解石)时，发现了一种双折射现象，似乎更接近波动现象。

而牛顿也发现了我们今天称为"牛顿环"的奇怪现象：让光通过一块大曲率凸透镜照到光学平面玻璃上，会看见透镜与玻璃平板接触处出现一组彩色的同心环条纹。

双折射和牛顿环。

惠更斯发现，假设光是一种波，则很容易解释这些现象。他于1690年出版了《光论》，系统地阐述了光的波动理论，证明了光的反射和折射定律，仅仅使用相对简单的数学模型，就阐述了光的衍射、双折射现象和著名的"牛顿环"的实验原理。

牛顿也不甘示弱，他修改和完善了自己的光学理论，在胡克去世的第二年(1704年)，出版了《光学》，提出两个观点来反驳惠更斯：第一，光如果是一种波，它应该同声波一样可以绕过障碍物，不会产生影子；第二，冰洲石的双折射现象说明光在不同的边上有不同的性质，波动说无法解释其原因。

两个理论都有其可取之处，但就当时大多数人的主观经验来看，都尚有疑点。在牛顿死后，因为他在力学领域的开创性贡献，整个18世纪，多数学者更愿意相信光的微粒说，也很少再有人对光的其他特性做进一步的研究。

学说	学说内容	无法给出完美解释的疑点
微粒说	太阳光由折射性不同的光组成，光是从发光体发出的高速微粒流，在较密的介质（如水）中光速较大。	衍射、干涉（如肥皂泡颜色、牛顿环）、双折射。
波动说	光是一种机械纵波；光波是一种靠物质载体来传播的纵向波，传播它的物质载体是“以太”；波面上的各点本身就是引起媒质振动的波源。	偏振、颜色的起源、在均匀介质中沿直线传播、影子的存在。

第二次波粒之争

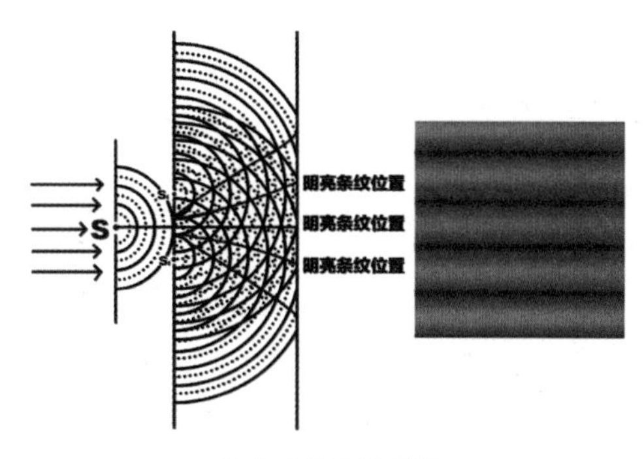

杨氏双缝干涉实验。

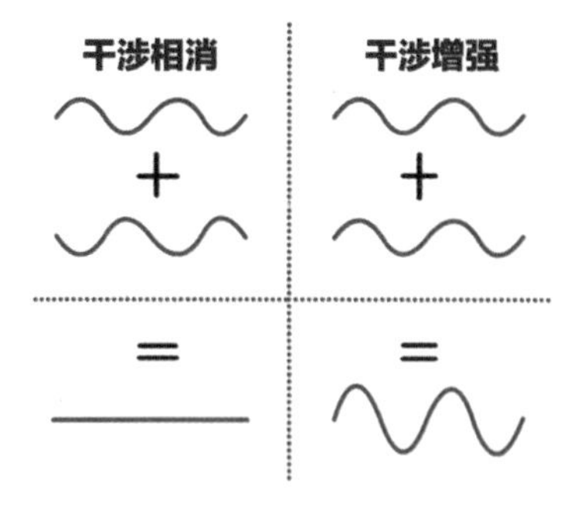

两束光波峰和波谷对应，就会干涉相消；波峰和波峰（或波谷和波谷）对应，就会干涉增强。

进入19世纪，新的发现层出不穷。英国物理学家托马斯·杨进行了著名的杨氏双缝干涉实验。他将一个光源发出的光先投射到一个有孔的屏上，这个小孔就成了一个“点光源”，从小孔出来的光再投射到第二个屏的两个相距很近的小孔上，观察屏上就会出现明暗相间的条纹。

这个现象完全无法用微粒说来解释，两道光叠加在一起怎么反而会造成暗纹？而这个现象用波动说很好解释：两束光，波峰和波峰（或波谷和波谷）对应，得到的光的波峰（或波谷）分别加强，总光强更强，形成亮条纹；波峰和波谷错位相消，最后什么光都没有剩下，这个地方就变成暗条纹。

因此，光必须是一种波！

这一结果刺激了法国的牛顿学派。1818年,法国巴黎科学院发出征文悬赏,题目是光的衍射问题(利用精密的实验确定光的衍射效应以及推导光通过物体附近时的运动情况),期望通过微粒说的理论来解释光的衍射及运动,力图为微粒说扳回一城。

法国巴黎科学院的征文悬赏。

戏剧性的情况发生了,一位不知名的法国年轻工程师菲涅尔利用波动理论完美地解释了光的衍射问题。

之后,大家大多转而相信波动说,微粒说转向劣势,节节败退。但对微粒说的打击还没有结束,1850年,法国物理学家傅科向法国科学院提交了他关于光速测量实验的报告,测得光在空气中的速度大于其在水中的速度。

这一结果给了微粒说以致命打击。因为根据微粒理论,牛顿推出"光在水中的速度比在空气中的大",这说明牛顿的理论存在问题。波动说终于在100多年后,登上了物理学统治地位的宝座。

而在另一个领域,更加激动人心的时刻就要来了。

麦克斯韦的预言

当你第一次看到磁铁能吸引别的东西时是什么感觉?是不是觉得很奇妙?

古人觉得磁力就像神秘的魔术,进入19世纪后,人们发现它好像与电力存在某种联系——科学家们发现了磁生电和电生磁的现象。

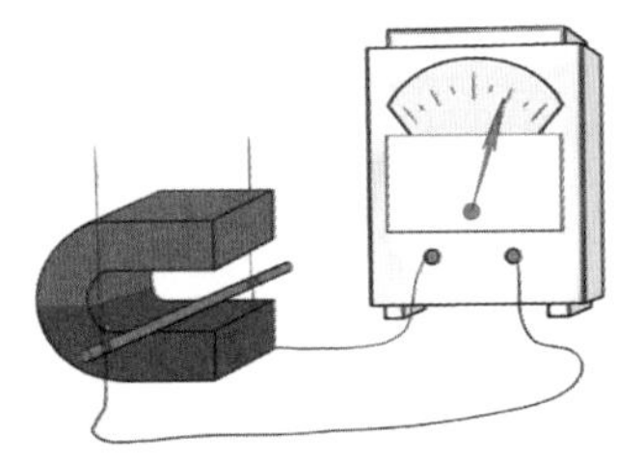
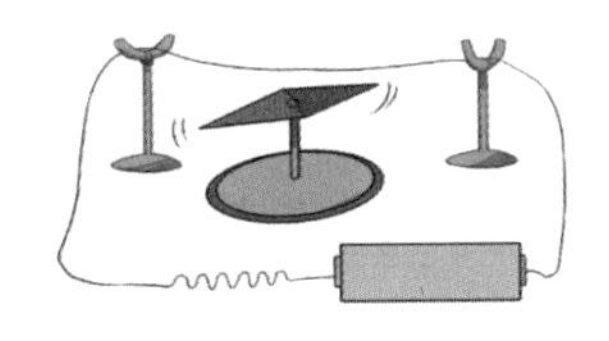

1820年,丹麦物理学家奥斯特发现,当金属导线中有电流通过时,放在它附近的磁针便会发生偏转。接着,学徒出身的英国物理学家法拉第明确指出,奥斯特的实验证明了"电能生磁"。他还通过实验,发现了导线在磁场中运动时会有电流产生的现象,这就是所谓的"电磁感应"现象。

1864年，英国科学家麦克斯韦进一步用数学公式描述电力和磁力，他推导出了一系列控制电和磁行为的数学方程(规则)。

这组方程有一个波动解。麦克斯韦因此预言了电磁波的存在——在变化的磁场周围会产生变化的电场，在变化的电场周围又将产生变化的磁场，如此一层层地像水波一样推开去，便可把交替的电磁场传得很远。

麦克斯韦又发现，这个波的传播速度也能够解出来，而这个速度非常接近于先前由天文学家计算出的，光波传播于行星际空间的速度！这意味着什么？这意味着光就是一种电磁波！太让人吃惊了！

$$\nabla \cdot D = \rho_f$$

$$\nabla \cdot B = 0$$

$$\nabla \times E = -\frac{\partial B}{\partial t}$$

$$\nabla \times H = J_f + \frac{\partial D}{\partial t}$$

麦克斯韦和麦克斯韦方程的微分形式。这是现代电磁文明的根基。不过，这些数学公式恐怕只有聪明的数学家才能看懂吧！

但是，麦克斯韦没能等到自己的预言被证实，便英年早逝。23年后，赫兹用实验证实了电磁波的存在。

令人振奋的电火花

莱茵河边有一个德国小镇，名叫卡尔斯鲁厄。它的东面紧靠茂密的黑森林，那里孕育着德国最古老的传说和格林兄弟奇妙的童话故事。

1887年，我们的主角赫兹正站在卡尔斯鲁厄大学的一间实验室里，他的面前是一个古怪的装置：两根铜棒上各焊接着一个磨光的黄铜球，两球间留有很小的空隙。铜棒另一端各有一块方形锌板，连接到能产生高电压的感应线圈上。

赫兹深吸一口气，合上电路开关，顿时，无形的电流穿过装置里的感应线圈，开始对锌板充电。赫兹知道，当电压上升到2万伏左右，两个小球之间的空气就会被击穿，电荷就从空气中穿过，就像雷雨天的闪电一样，形成电火花。

不出所料，过了一会儿，随着轻微的“啪”的一声，一束美丽的蓝色电火花“绽放”在两个铜球之间，细小的电流束在空气中不停地扭动，绽放出幽幽的光。

赫兹盯着那串间歇的电火花，在心里面继续推想：如果麦克斯韦的理论是对的，那么每当火花放电的时候，在两个铜球之间就应该产生一个振荡的电场，同时引发一个向外传播的电磁波。

赫兹发现电磁波的实验装置。

赫兹将目光转向实验装置的另一部分，那是弯成环状的导线，导线两端也安装了两个黄铜球，中间有着小小的空隙。那是电磁波的接收器。如果电磁波真的存在，那么它就会穿越空间，到达接收器，从而在接收器的开口处也激发出电火花来。

赫兹一瞬不瞬地盯着接收器。突然间，他看到微弱的火花在两个黄铜球之间穿过！他不敢相信，揉了揉眼睛，但接下来的一次、两次、三次告诉他，这不是幻觉。

整个仪器是一个隔离的系统，中间既没有连接电池也没有其他任何的能量来源。接收器上怎么产生电火花的呢？只能是电磁波了！它真的存在于空间之中，正是它，激发出接收器上的电火花！

在赫兹看来，简直没有比这个更美妙的奇迹了。麦克斯韦的预言成真了。

而后，赫兹通过测量证明，电磁波在真空中具有与光相同的速度。于是，在捕捉到电磁波之后，麦克斯韦另一个惊人的预言也得到了证实：原来电磁波一点也不神秘，我们平常见到的光，就是电磁波的一种。

这一切使波动说在同微粒说的论战中，取得了无可争辩的胜利。大家全都开始支持波动说，直到光电效应和黑体辐射的发现……

认识波

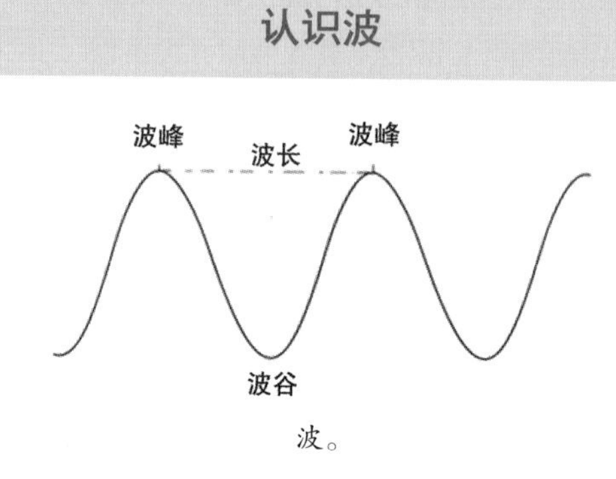

波。

山有峰和谷，波也一样。波动最高的地方叫波峰，波动最低的地方叫波谷，相邻两个波峰或波谷之间的距离叫波长。在1秒内出现的波峰数(或波谷数)叫作频率。波长乘以频率就是波在1秒内传播的距离，也就是波速。所以在波速一定的情况下，波长越长，频率越小。

③ 光的终极秘密

赫兹的电磁波实验为光打上“波”的标签，给光的微粒说判了“死刑”，但1887年的赫兹万万没有想到，自己在实验中亲手撒下一颗“微粒”的种子。

光与电的“游戏”

让我们再次回到那间实验室。瞧！铜环接收器的缺口之间在不断闪烁着电火花，昭示着电磁波的存在。

这个火花很黯淡，为了便于观察，赫兹把它置于一个不透明的盒子里。这时，他发现了一个奇怪的现象：如果有光（如紫外线）照射到这个缺口，电火花似乎就更容易出现。

小链接

1897年，英国物理学家汤姆孙发现了电子。人类开始意识到，原子并不是组成物质的最小单位，探索原子结构的序幕由此拉开。

赫兹向大家公布这个奇特的现象后，立刻引起了其他物理学家的好奇心。一大堆我们不熟悉的科学家——史托勒托夫、艾斯特、盖特尔——都来围观。

随着电子的发现，他们渐渐明白了其中的奥妙：当紫外线照射到金属上的时候，原本束缚在金属表面原子里的电子，就会像见不得光的吸血鬼纷纷向外逃窜。对于光与电之间存在的这种饶有趣味的现象，科学家给它取了一个名字，叫作“**光电效应**”。

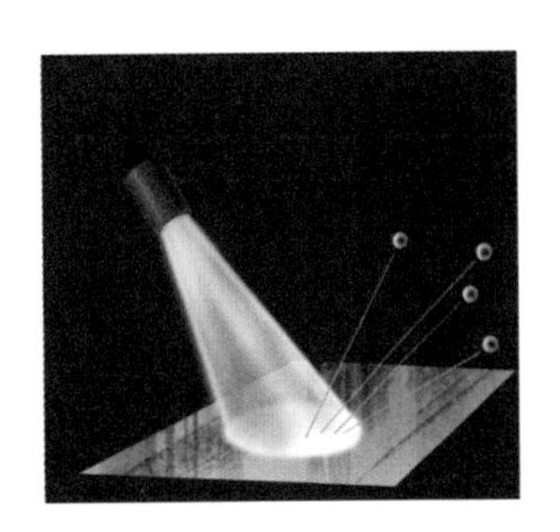

在一定频率光的照射下，金属或其化合物表面发出电子的现象叫作光电效应。发射出来的电子叫光电子。

随着进一步的实验，科学家发现光电效应越来越让人困惑。我们用频率高的光(如紫外线)照射金属就能释放出电子,增加光的强度,可以增加释放出的电子数量;而用频率低的光(如红光),不管如何增加光的强度,延长光照时间,还是一个电子也打不出来。也就是说,对于特定的金属,能不能产生电子,由光的频率说了算;而生成多少电子,则由光的强度决定。

这种现象用麦克斯韦理论根本无法解释,因为按照纯粹的波动观点,任何频率的入射光,只要照射的时间足够长,积累足够的能量后,总可以将电子打出金属表面。

然而,当时所有的实验都指向相反的方向。科学家顿时懵了:这是和大家开玩笑吗?

然而类似的玩笑并不是只有这一个,还有一个就是黑体辐射。

黑体辐射

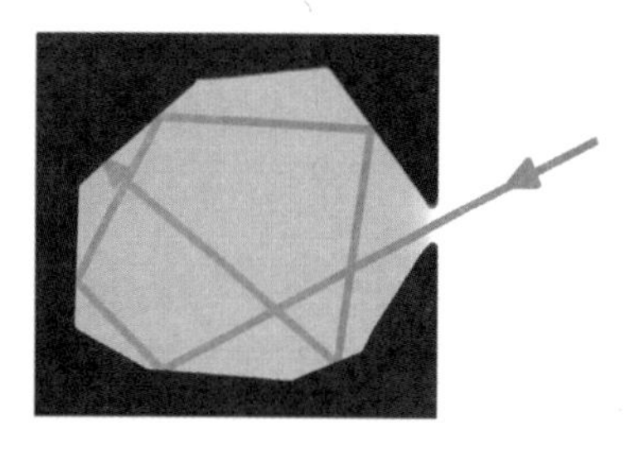

在空腔壁上开一个很小的孔,射入小孔的电磁波在空腔内表面会发生多次反射和吸收,最终不能从空腔射出。这个空腔装置就成了一个绝对黑体。

小链接

黑体并不都是黑色的。在700K(约427℃)以下,黑体看起来是黑色的,如果高于这个温度,黑体会开始变成红色,随着温度的升高,会出现橘色、黄色、白色等颜色。

"辐射"这个词,对我们来说既熟悉又陌生。其实,辐射并不神秘,任何温度大于绝对零度的物体,都会不断地以各种频率的电磁波的形式向外发散能量,这就是辐射。

一般情况下,一个不透明的物体,会把从外界吸收的能量通过两种方式释放出去——辐射和反射,这两种方式往往同时发生,使得人们分不清楚哪些是辐射的能量,哪些是反射的能量。

为了更好地研究物体辐射的规律,科学家假想了一种理想物体,它能够完全吸收照射到其表面的能量,而不发生任何反射,这便是**黑体**。

但对这个理想模型的研究结果给科学家泼了一瓢冷水。这些结果与经典物理的理论出入很大，黑体辐射成了19世纪科学界的巨大难题。

1901年，为了解释黑体辐射，德国物理学家**普朗克**提出了能量量子化的假说：能量在发射和吸收的时候，不是连续不断的，而是分成一份一份的。

普朗克认为，能量只有有限个可能态，中间的有些数值是达不到的。他把最小的能量称为量子。

回到起点

1905年，在瑞士伯尔尼专利局，一位刚刚获得博士学位的年轻人被普朗克的量子思想吸引，他便是爱因斯坦。

他开始用量子思想思考光电效应这个问题：如果光束也是由一群离散的能量粒子（也就是量子）组成，那么，提高光的强度，就只是增加能量粒子的数量，所以相应的结果就是打击出更多数量的电子。突然之间，一切变得明朗起来。

爱因斯坦在论文中写道：

> 从一点所发出的光在不断扩大的空间中传播时，它的能量不是连续分布的，而是由一些数目有限的、局限于空间中某个地点的“能量子”所组成的。这些能量子是不可分割的，它们只能整份地被吸收或发射。

这些能量子就是后来我们常说的“光子”。从光子的角度出发，一切就变得非常简单了。频率更高的光，比如紫外线，它的单个光子的能量要比频率低的光子更高，因此当它发射到金属表面的时候，就能够激发出拥有更多动能的电子来。但是对于低频率的光来说，它的每一个光子都不足以激发出电子，那么，含有再多的光子也无济于事。

爱因斯坦的论述极具想象力与说服力，但此时占主流的是麦克斯韦所表述的光的波动理论，爱因斯坦的观点遭到了学术界的强烈抗拒：光怎么可能是粒子呢？

不过这导致了微粒说的复燃。历史在转了一个大圈之后，又回到起点。关于光的本性问题，干戈再起。

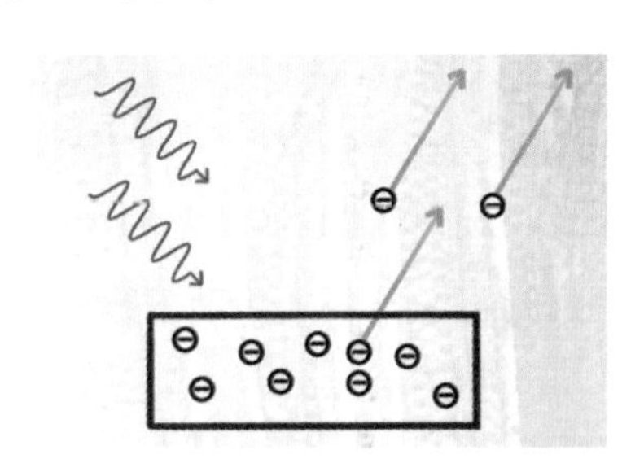

光电效应示意图：来自左上方的光子冲击到金属板，将电子逐出金属板，并且向右上方移去。这里面关键的假设就是：光以能量子的形式吸收能量，不能累积。一个能量子激发出一个对应的电子。

这篇关于光电效应的论文很快引起了美国物理学家罗伯特·密立根的注意，不过他并不赞同爱因斯坦的理论，极力想用实验来证实光的量子说是错误的。然而，经过十年的反复实验，他却啼笑皆非地发现，自己竟然在很大程度上证实了爱因斯坦理论的准确性。实验数据表明，几乎在所有条件下，光电现象都表现出量子化特征。这之后，物理学家被迫承认,除了波动性质以外,光也具有粒子性质。至此,光的波粒二重属性基本确立。

大家还有疑惑吗?没关系,我可是有最新照片为证。2015年3月,科学家用电子来给光拍照,捕获了有史以来第一张光既像波,又像粒子流的照片,为光的微粒和波动之争画上了完满的句号。

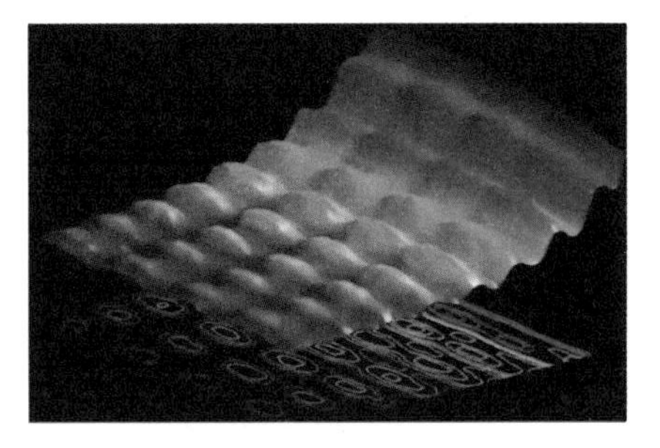
科学家用电子给光拍的照片。

电磁波谱发现史

渐渐地,人们发现,除可见光之外,还有大范围的不可见光。比可见光波长更短的有紫外线、X射线和γ射线(伽马射线),波长更长的有红外线和无线电波。这些构成了我们现在能探查到的电磁波。

它们在真空中的传播速度与光速一致,人们按照频率从小到大(即波长从大到小)的顺序将其排列成谱,就是电磁波谱。

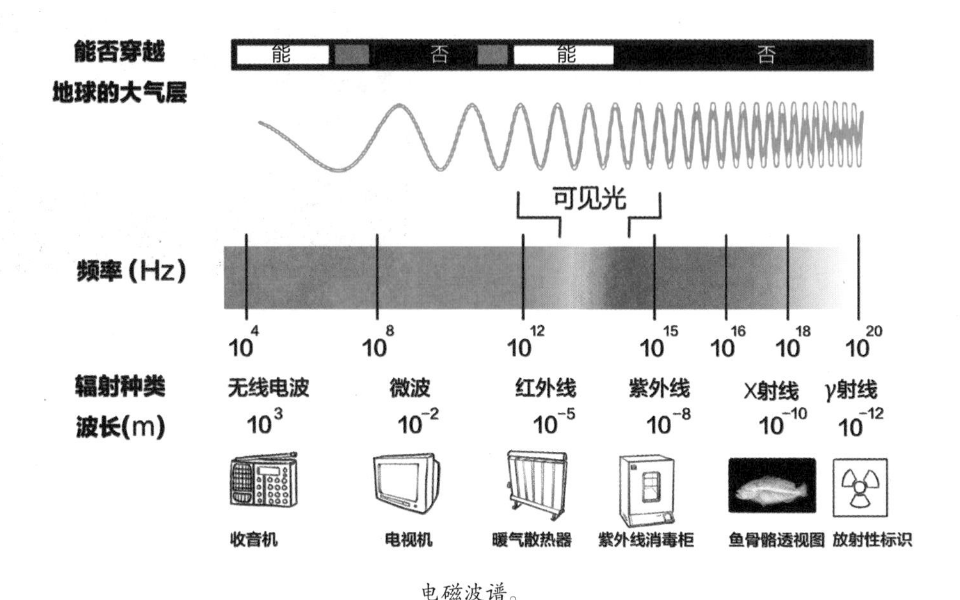

电磁波谱。

广播电台、移动通信、GPS定位(全球定位系统)等早已进入普通百姓的日常生活,我们已经无法想象没有电磁波的生活。

现在,电磁波不仅飞越了整个世界,而且还飞出地球,通过宇宙飞船、射电望远镜、X射线望远镜、γ射线望远镜,为我们描绘着宇宙的图景……

电磁波档案

●最长波长:无线电波

波长大于1毫米,被用于无线通信、广播、雷达、通信卫星、导航系统等系统。

无线电波中,波长在1毫米到1米范围内的称为微波。关于微波,我们最熟悉了! 微波炉、无线网络系统(如手机网络、蓝牙)用的都是微波!

危险指数:★☆☆☆☆(可以忽略,除非——你把手放进微波炉里加热!)

天文学家用射电望远镜接收天体辐射的无线电波,进行天体物理研究。

微波炉。

●稍短一点的波长:红外线

1800年,英国皇家学会的赫歇尔用三棱镜将太阳光分开,然后在不同颜色的色带位置放置温度计。他发现,色带由紫到红,温度计的示数逐渐升高,位于红光外侧的那支温度计升温最快。于是,他断定:太阳光谱中,红光的外侧必定存在看不见的光,这就是红外线的发现过程。

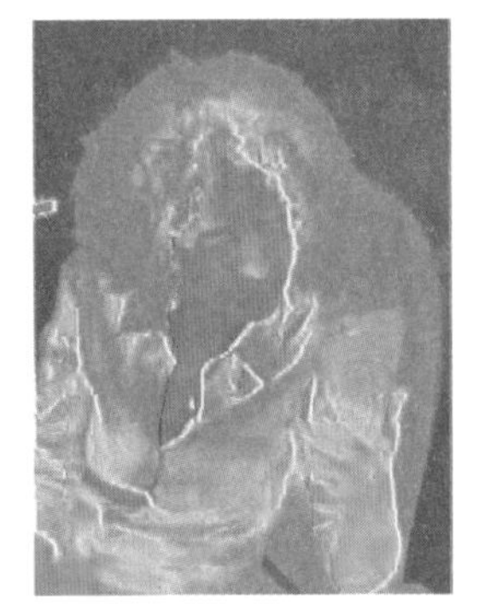
人的红外线照片。

你知道吗?太阳的能量中,超过一半是以红外线的方式到达地球的!

戴上红外线热成像眼镜,你看到的景象将会大大不同,所有的物体都变成了色块!

应用:浴室暖灯、红外线烤箱、电视机遥控器等。

危险指数:★☆☆☆☆

●再短一点的波长:可见光

不多说了,你懂的。

危险指数:★☆☆☆☆

●更短一点的波长:紫外线

1801年,德国物理学家里特把含有氯化银的相片的底片放在紫光外侧,他发现底片感光,进而发现了紫外线。

蝎子的紫外线照片。

太阳光是天然紫外线的重要来源，紫外线有助于人体维生素D的合成，促进钙的吸收，但照射太多则可能会导致皮肤癌和DNA受损。

应用：紫外线灯、验钞机。

危险指数：★★☆☆☆

●非常短的波长：X射线

X射线的穿透力很强！利用这一点，医生可以探测病人身体上的病变。

危险指数：★★★★☆

人体X光图。

●最短波长：γ射线

原子核受激发产生γ射线。它的穿透力超强，0.2毫米的铅箔都挡不住！它会破坏生命物质，引发基因突变，诱发癌症等。不过，聪明的人们可以用它来杀死癌细胞，有助于癌症的治疗。

有人担心太空中的γ射线影响人的健康。不用害怕，太空中产生的γ射线不会穿过地球大气层。在地球上，是否产生γ射线由科学家说了算！

危险指数：★★★★★

④ 时间居然变慢了

1900年4月27日，英国皇家学会正在庆祝新世纪的到来。在雷鸣般的掌声中，76岁高龄的**开尔文勋爵**走上讲台，他回顾了物理学在过去几百年取得的伟大成就，然后充满自信地宣称，科学的大厦已经基本建成，未来的物理学家只要做一些修修补补的工作就可以了。在展望20世纪物理学前景时，他讲道：

早期油画中的英国皇家学会。

在物理学阳光灿烂的天空中飘着两朵小小的乌云……

开尔文勋爵全名威廉·汤姆孙，是英国数学家、物理学家、工程师，是热力学温标（绝对温标）的发明人，被称为“热力学之父”。

因为在科学上的成就和对大西洋电缆工程的贡献，他获英国女王授予的开尔文勋爵头衔。

这两朵著名的乌云，一朵指的是黑体辐射实验和理论的不一致；而另一朵，则是人们在迈克尔逊—莫雷实验中的困境。（欲了解详情，请“穿越”到第122页）

当时的人们怎么都不会想到：

第一朵乌云散尽，迎来了量子论革命的曙光。

第二朵乌云，导致了相对论的爆发。

光速测量实验

请进入我们的速度测量实验室,你会发现关于速度的有趣问题!

实验结果非常奇怪,无论光源如何运动,光速都不变。如果你以光速的一半速度向一个光源运动,光相对于你的速度并不是1.5倍光速,而仍然是以光速向你运动!

这也是美国物理学家迈克尔逊和莫雷在1897年关于光的实验结果:对任何参照系的观测者,无论你是运动还是静止,在同一种介质中,光速都是相同的!

这太奇怪了! 到底是怎么回事?

随着火车速度的变化，光速不变，那一定有什么地方被改变了。速度是距离（空间变化）除以时间，是单位时间的空间变化情况。爱因斯坦意识到，一定是空间和时间（也就是时空）本身发生了变化！

关于光速

真空中光的速度几乎达到30万千米/秒，按这个速度计算，光一秒可以绕地球七圈半！

最早测量光速的人是伽利略。后来，人们又尝试了各种方法，利用土星的卫星、旋转的齿轮或是镜子来测量光速，直到1972年，科学家利用先进的激光干涉法，测出我们现在用的光速值——299792458米/秒。

不过，我们不需要记住这个数字，我们只需要记住光速约等于30万千米/秒就可以了！

爱因斯坦的时钟

1905年春，爱因斯坦26岁，在瑞士首都伯尔尼做一个小小的专利技术员。他的工作，就是审阅发明专利。

20世纪早期的欧洲，有一项很重要的发明——时钟同步。那时候，每个城市都有自己的小型天文台，可以观测太阳何时在正上方，并将那个时间定为正午。当时，时区的概念还没有普及，每个地方都有自己的时间系统。就像伯尔尼和巴黎，虽然现在属于同一个时区，但当时的时间就不同，两地可能差二十几分钟。

如果你在两个城市间缓慢移动，这当然不会出现什么问题。但如果乘坐火车的话，你就会从一个时间系统进入另外一个时间系统。时间不一致，可能导致撞车或类似的可怕情形。所以必须让两地有同一个时间，那怎么同步时钟呢？

如果以光速把一个电磁信号从伯尔尼传到巴黎，再传回来，这样两地的时间就同步了！

爱因斯坦在专利局审阅了很多类似的发明。他在日常工作中，一直在思考时钟和时间，以及以光速运动的信号等问题。

伯尔尼钟楼。

这一天，爱因斯坦坐在公共汽车上，他看到伯尔尼著名的钟楼，便开始想象：如果公共汽车以接近光速前进，将会发生什么。

光那么快，可不容易赶上。如果提高速度继续追赶，你和它的距离会越来越近。很快就达到和光一样的速度——现在就和驾着光行走一样了！

他沉浸在自己的想象里，脑海中的情景让他大吃一惊，当他的速度达到光速时，钟楼上时钟的指针仿佛被冻结在时间里了！

“这一刻，脑海中卷过暴风，我突然间豁然开朗，一切都泉涌而来。”爱因斯坦激动极了！

他知道，钟楼那儿的时间正常流逝，只不过，当公共汽车达到光速的那一刻，钟楼发出的光就没法赶上他了。这一幕想象触发了爱因斯坦狭义相对论的诞生。

他站在物理学的高台上，大声呐喊：光的速度不会变，一切速度都小于等于光速！

爱因斯坦的笔记

古典物理学

观点：绝对时空观。

中国的1秒、欧洲的1秒、太阳的1秒，宇宙中任何地方的1秒都是一样的。

速度可以无限大，就算达到1亿千米/秒也不是不可能。

应用范围：速度远远小于光速的情况。

狭义相对论

观点：相对时空观。

速度有一个不可逾越的界限，这就是光速。当物体的运动速度接近光速时，在不同视角观察到的时间、距离是不一样的！

狭义相对论包含两个基本原理：光速不变性原理和相对性原理。

在爱因斯坦的理论中，一维时间加上三维空间，构成了四维时空。一个新的概念——时空，就这么诞生了。

打个比方，一个物体放在那儿，一动不动，一小时后它的位置变化了吗？从三维空间看，它没有变化。但在增加了时间变为四维时空时，它的位置（确切地说，在四维时空中的坐标）变了。

这样的时空观是不是让你感到很惊讶？继续往下看，还有更让你惊讶的呢！

爱因斯坦奇迹年

1905年，爱因斯坦发表了六篇划时代的论文。从来没有人能在这么短的时间内对现代物理做出这么多重大贡献。这一年因此被称为“爱因斯坦奇迹年”。

3月18日，他发表了论文《关于光的产生和转变的一个启发性观点》，在文中他解释了光电效应。这篇文章成为量子论的奠基石之一。

4月30日，他发表了关于测量分子大小的论文，这为他赢得了博士学位。

5月11日和后来的12月19日，他发表了两篇关于布朗运动的论文，成了分子论的里程碑。

6月30日，他发表了题为“论运动物体的电动力学”的论文，提出“狭义相对论”。

9月27日，他提出著名的质能方程$E=mc^2$。

通往未来的时间旅行

爱因斯坦告诉我们，如果物体以接近光速的速度快速运动，只有他的理论才适用。

要记住：真空中的光速在任何视角下都是恒定不变的！

我们知道，在同一种介质中，光速都是恒定不变的，而速度＝距离÷时间，也就是说，只有时间和距离会发生变化！

下面我们就来看一下时间和距离是怎样变化的吧！

狭义相对论大讲堂——时间居然变慢了

在行驶的列车内，一只乒乓球掉在了车厢地板上，对这一现象，车厢内的人和车厢外的人会有怎样不同的看法呢？

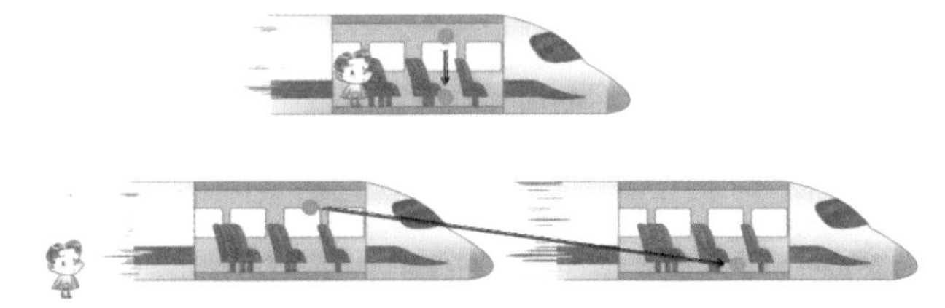

上图：车厢内的人会看到乒乓球垂直落在地板上。下图：车厢外的人会看到乒乓球朝列车前进的方向斜落下去。

现在，我们把这只乒乓球当作光（光子）来研究。对车厢内的人和车厢外的人来说，光速是一样的，因为光速不会受到列车速度的影响。

那谁会把光运动的距离看得更长呢？当然是车厢外面的人！

车厢内的人与列车同步运动，车厢外的人静止不动，这两个人对光速的看法可以用下面的公式表述：

车厢内的人（即运动中的人）看法：

光的速度＝车厢内的人看到光运动的距离÷车厢内经过的时间

车厢外的人（即静止不动的人）看法：

光的速度＝车厢外的人看到光运动的距离÷车厢外经过的时间

根据图示，我们可以看出，在车厢内的人和车厢外的人眼中，光运动的距离是不同的，对车厢内的人来说，光运动的距离较短。由光速相同，我们会推出：

短距离÷车厢内经过的时间＝长距离÷车厢外经过的时间

要使等式成立，车厢内外的时间必然会不同：车厢内经过的时间要比车厢外经过的时间短一些，也就是说，高速运动中时间的变化要比静止时时间的变化更为缓慢。

假定列车的速度非常非常大，那么对于车厢内外的人来说，光运动的距离就有了很大的差异。当车厢内的时间过了1秒，车厢外也许已经过了10小时。

如果你乘坐这样的列车10秒，车厢外的时间就过去了100小时，也就是说，你来到了4天后的未来世界！如果列车的速度大到接近光速，那么车厢内外的时间差就会更大，车厢内的人就可以到10年或是100年后的未来去旅行！——不过，这只是单向的，你不会跑到过去！

再次回来，你会发现——

地球上的双胞胎弟弟已经变老。

狭义相对论的酷炫效应

●你的速度越大，时间过得越慢。

不过，可不要因为这样就使劲奔跑或是拼命去坐高铁哦。这是因为，以这样的速度前进，几乎显现不出时间的变化。这种效果在接近光速的时候才最明显！

你的飞船飞得越快，时间过得越慢！

温馨提醒：当你坐上飞船时，记得和周

围的人及所知道的世界说再见，因为你回来时可能已经是另外一个未来的世界了！

●你的速度越大，距离就会越短。

如果你乘坐速度为0.999999999999999倍（15个9）光速的火箭，到离地球最近的星系——大犬座星系旅行，到大犬座星系的实际距离2.5万光年就缩短为0.01125光年。要知道，光年可是光走一年的距离！以这个速度，只需要4天，你就可以狂奔到大犬座星系！

你的飞船飞得越快，距离就会越短！

当然，这只是在火箭上的你感觉到的距离和时间，当你到大犬座星系的时候，地球的时间已经流逝了2.5万年！如果你立即从大犬座返回，那么对你来说时间仅流逝了8天多一点，但对于地球上的人来说已经是5万年后了。这是不是比古代传说中的“天上一日，地上千年”还要夸张？

●你的速度越大，你就会越沉，飞船看起来就越短。

爱因斯坦指出，当速度接近光速时，质量就会变大，长度会变短。当飞船速度为光速一半时，50千克重的人将会增加7.5千克！

你的飞船飞得越快，你就会越沉，飞船看起来就越短！

怎么，你不相信吗？来认识一下俄罗斯导航员——谢尔盖·克里卡列夫，他是人类历史上最伟大的时间旅行者。他是环绕地球飞行时间最长的纪录保持者，飞了803天9小时39分。经过太空飞行，他的表居然慢了0.02秒，感受到了奇妙的时间变慢效应。虽然只有0.02秒，但这意味着通往未来的时间旅行并不是天方夜谭！

认识世界的各种版本

如果说牛顿运动定律是解释这个世界的1.0版本，那爱因斯坦的狭义相对论就是牛顿运动定律的升级版本，是2.0版本。

就像我们电脑上装的操作系统一样，也许你曾经用过Windows 7，也许你现在装的是Windows 10。但Windows 10并没有将Windows 7淘汰，旧的操作系统仍然可以用。狭义相对论也一样，它是适用范围更广、计算更为复杂的理论。但在低速条件下，狭义相对论就没有牛顿运动定律方便易算了。

这也是相对论的包容性所在，爱因斯坦并没有说牛顿是错的——牛顿理论已经流传几百年了，在各种情况下基本都是正确的。

爱因斯坦的新理论涵盖牛顿理论中正确的部分，是一个更大更新的理论，它们吻合我们观察到的新数据，解释了一些新情况，同时并没有颠覆现存理论中正确的那部分。

小链接

相对论和牛顿运动定律以某个参数相互关联，我们称为r，即相对论效应：

$$r=\frac{1}{\sqrt{1-\frac{v^2}{c^2}}}。$$

当速度远小于光速时，$r=1$，此时近似于牛顿运动定律。

当速度接近光速时，r接近无穷大，相对论效应凸显，牛顿运动定律会有显著的误差。

它们都是人们在认知过程中建立的不同模型，随着科技的进步和认识的发展，旧的1.0版本不再能解释我们遇到的一切事物，于是爱因斯坦就将其升级到了2.0版本。

这是最后的版本了吗？

当然不是，还有3.0版本——广义相对论。这大概是与我们现在这个宏观宇宙拟合度最高的版本了。

也许有一天，还会有4.0版本、5.0版本……

⑤ 弯曲的时空

现在，我们有了万有引力这个法宝，又有了狭义相对论这个时空利器，是不是可以解释上天入地的所有问题了？很遗憾，有一个难题，困扰了天文学家数十年。

找不到的星星

在利用万有引力定律发现海王星之后，科学家发现，还有一颗行星的运动有些古怪，这就是离太阳最近的行星——水星。

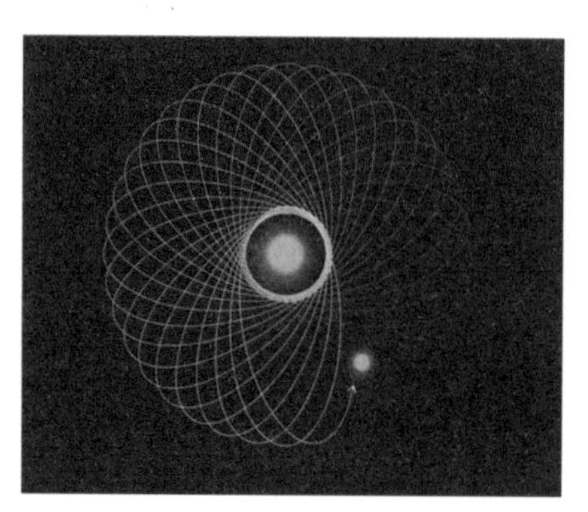

水星的运行轨道示意图。

科学家们观测到，水星每绕太阳运转一圈，其最接近太阳的一点（即近日点）都会改变。它的运行轨迹有点“斜”，形成花瓣的样子。通过计算，近日点的改变幅度要超过牛顿理论的计算值。

这是怎么回事？是不是像发现海王星一样，尚有一颗未被发现的行星影响了水星的运转？有科学家推测，在水星和太阳之间，有一颗温度特别高的行星——火神星。

于是，大家都把天文望远镜对准太阳的方向，想成为第一个找到这颗新行星的人。听说，不少人还因此被阳光灼伤了眼睛！

可是不管大家怎么努力，却没有一个人能找到。这颗星星，究竟在哪儿呢？

别着急，爱因斯坦会给你答案。

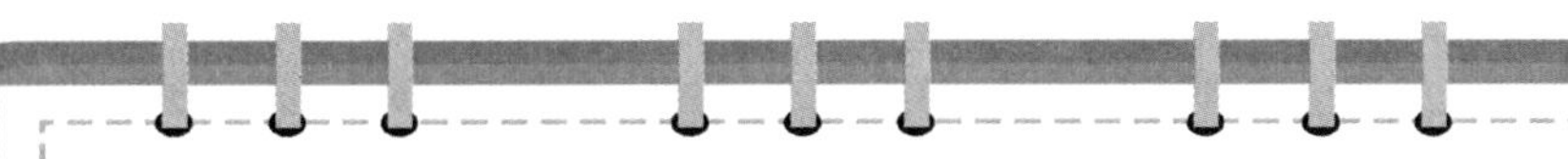

爱因斯坦的日记

1907年×月×日

到现在为止，狭义相对论已经发表了两年，我发现了它的局限性：它只能处理一种特殊情况——匀速运动。但是宇宙中，几乎所有天体的速度都在不停变化：旋转的星体、漂浮的星云……

而且，我们知道，太阳光传到地球大约需要8分钟，也就是说，我们现在感受到的阳光，是8分钟之前发出的。假如太阳突然消失，8分钟后，光才停止。可是，如果太阳突然消失，太阳对地球的引力会突然消失吗？

如果会突然消失，不就等于说，引力消失得比光还要快吗？这和狭义相对论中光速是世界上可能实现的最大的速度的观点相矛盾。问题出在哪儿呢？

我希望找到一种新理论，能解释宇宙万物，包括将它们维系在一起的无处不在却看不到的力——引力。

爱因斯坦的新宇宙观

这一天，爱因斯坦坐在办公室里，望着窗外的屋顶，一个念头从他的脑海里冒了出来：如果有人从屋顶走过，突然掉下去会怎么样？

“掉落的过程中，这个人会感受不到自己的体重，会完全失重！”这一瞬间，他突然有了灵感。

爱因斯坦开始继续想象：要是人在电梯里，如果电梯线被剪断，会发生什么？——人会和电梯一起向下掉落，这种感觉和从房顶上掉下去并没有区别！

现在，把电梯想象成一个小的宇宙空间，人在这个宇宙空间的电梯里会完全失重，也就意味着，是没有重量的！

爱因斯坦开始了他的思想实验，这是一种用想象力进行的实验，所做的都是在现实中无法进行的实验。有些人将其戏称为白日梦！

你也可以做一下这样的实验，不过不要太长时间，否则会被老师发现，其实你只是在走神（真的是在做白日梦）！

1.给这个人搭载一部电梯，脚底加体重计，示数为0。他周围的物体漂浮在空中。人有失重的感觉。

电梯怎么消失了，我这是在哪儿？

2.画面切换到太空中，这儿引力为零，他周围的物体也会同样漂浮。观察者不能区分自己是在自由下落的电梯中，还是在太空中没有引力的地方。

3.一个人在地面上静止的电梯中，手中苹果落地。

4.一个人在太空中乘以9.8米/秒^{2}加速度运动的电梯，手中苹果落地。坐这个电梯和在地球上感觉一模一样，这儿没有引力，苹果居然也落地了！

牛顿大师，这该如何解释？

突然间，爱因斯坦想通了：我们可以拿掉引力！所谓的引力，是质量对时空造成的变形所致——地球把我们周围的时空压弯曲了，所有的物体，比如苹果落地，都只是因为它们只能顺着弯曲的时空运动。

为什么地球会围绕太阳旋转？

牛顿说：“是太阳引力拉着地球，使其围绕太阳旋转。”

爱因斯坦说：“你可以理解为太阳改变了地球周围的时空，地球就像飞车杂技表演一样不自觉地围绕太阳运动。”

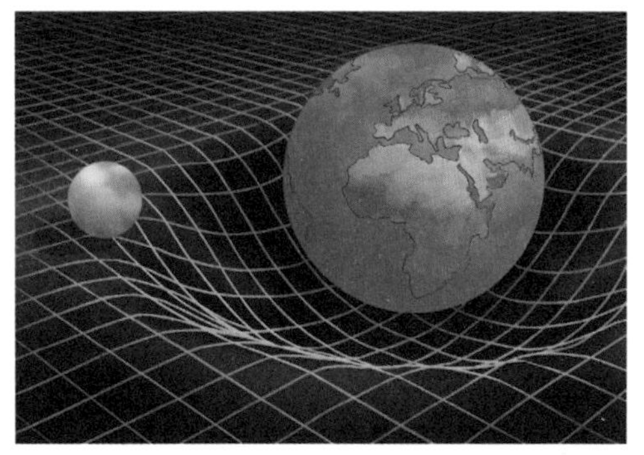

在爱因斯坦的理论中，物质的存在导致了时空的弯曲。当时空中有物体时，其周围的时空会发生变形，就像球会在弹簧床上压出一个坑来一样。行星被恒星吸引，仅仅是因为它要沿着被恒星压弯的时空高速公路行驶而已。

飞车杂技。

时空弯曲模拟实验

想法：可以将时空想象成一张巨大的弹簧床，有质量的物体陷在弹簧床里，使时空弯曲。

实验器材：弹簧床（或蹦床）、一个铁球、两个棒球。

实验步骤：1. 将铁球放在弹簧床上，铁球自身的质量会使弹簧床原本平坦的表面发生弯曲。

2. 将两个棒球以不同的初速度扔向铁球，观察铁球的运动情况。

棒球会旋转着靠近铁球。

溜过指尖的证据

时空是弯曲的？引力不是实际的力，而是时空弯曲的表现？这听起来就像科幻小说一样！但这是实实在在的科学，因此它必须要被实验验证。

怎么才能证明自己的新理论是正确的？爱因斯坦灵光一现："要是能把一束光照到空间弯曲的地方，而光要走最短的路径，根据理论，光看起来就应该是弯曲的！"

小链接

时空弯曲分空间弯曲和时间弯曲。引力越大的地方，空间弯曲得越厉害，时间流逝得越慢。

什么能让空间弯曲到这种程度呢？太阳！太阳的质量是地球的33万倍，周围空间的弯曲幅度会更大。从太阳旁经过的星光，如果发生弯曲，就可能被观测到。

"可以用太阳来检验我的理论！"爱因斯坦想。可是，即使他的想法是对的，他也绝对无法看到弯曲的光，因为太阳实在是太亮了。

除非……除非太阳被挡住！那就能避开刺目的日光，而看到绕过来的星光了。

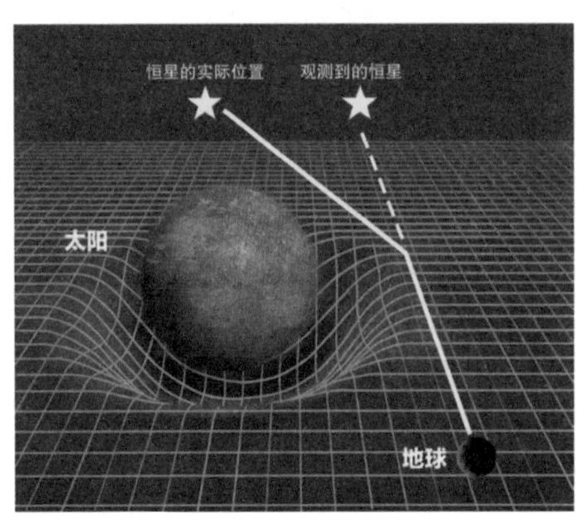

恒星发出的光经过太阳附近时，光会发生弯曲。

"日全食！"爱因斯坦跳了起来。

当月球运行至地球和太阳中间时，太阳突然被挡住，所有的星星都会被照亮。这时候，从遥远的星星射来的星光，通过太阳时会有些许的弯曲。爱因斯坦想，这时候看到的星星，会比平时它真正的位置向外。

"在发生日全食的时候给星星拍照，把日全食时的照片与平常的照片进行对比，看这些星星前后两次会不会在相同位置。如果不在，就说明光发生了弯曲。"爱因斯坦越来越兴奋！因为这样，就可以检验新的理论是否正确了！

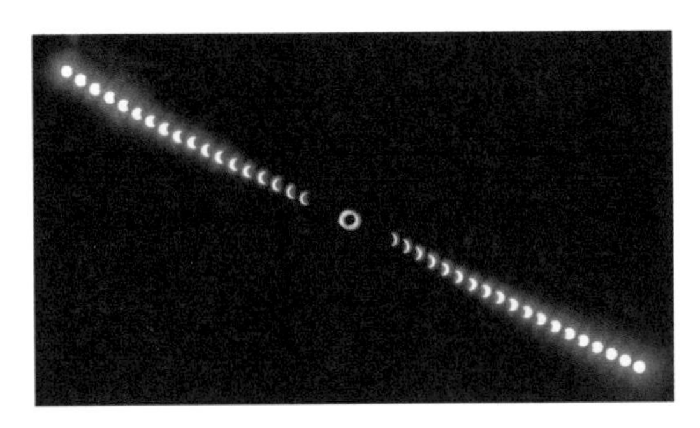

2008年8月1日日食的过程，拍摄于俄罗斯新西伯利亚，拍摄时间间隔为3分钟。

“快去观测日食吧！”爱因斯坦向天文学家发出呼吁。

柏林天文台一位年轻的助理响应他的号召，前往下一次日食的最佳观测地点——克里米亚。

与此同时，在天文学家坎贝尔的带领下，美国利克天文台的观星小组也开始向克里米亚进发。

不幸的是，第一次世界大战爆发了。一支科考队被驱逐，另一支则遭遇了乌云盖顶，什么都没有拍摄到。

爱因斯坦非常难过。在反对战争无效后，他回到书房，把自己埋在了科学研究中。

最终的方程式

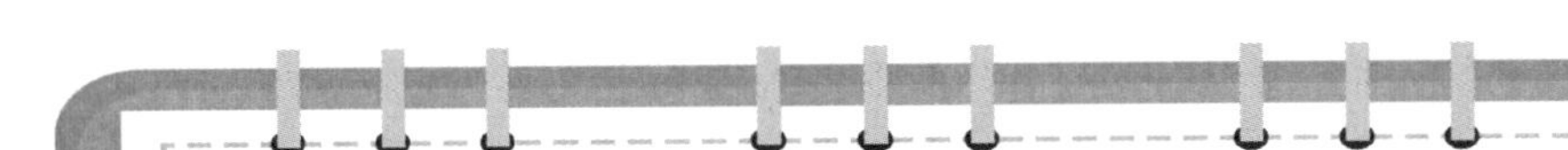

爱因斯坦的日记

1915年×月×日

现在已经是1915年，我在我的新理论上已倾注了八年的努力，但我的理论仍然存在两个重大问题：其一是未完全被证实；其二，描述弯曲时空的数学公式似乎也有些问题。我的数学计算似乎出错了。另外，战争到现在也不结束，我觉得太郁闷了。

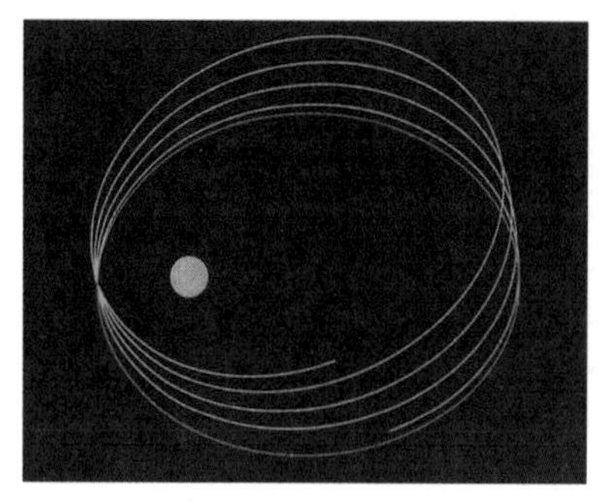

行星绕恒星公转的经典力学轨道(红)和广义相对论轨道(蓝)比较。

爱因斯坦夜以继日地推演用来描述弯曲时空的方程式。他曾经放弃过一个非常特殊的方程式,那是他1912年偶然得到的,这个方程式在物理学上让人难以接受,于是他直接丢弃了。在尝试过所有其他方程式后,他准备回到原来的那个方程式上。

那个他放弃的方程式就在抽屉里!看起来很有希望。

爱因斯坦意识到,这个方程式可能可以解释水星的问题!他开始不厌其烦地计算水星的运行轨道,发现与之前放弃的方程式的计算结果的匹配近乎完美。

“天哪,我的理论是对的!”爱因斯坦一阵兴奋。他突然意识到,出问题的不是水星的运行轨道,而是牛顿的理论!那颗找不到的火神星,压根就不存在!

小链接

$G_{\mu\nu}=8\pi T_{\mu\nu}$。

这是爱因斯坦利用黎曼几何写出的引力场方程,将时空与物质联系在一起。其中$G_{\mu\nu}$称为爱因斯坦张量,描述时空的弯曲程度,$T_{\mu\nu}$描述物质本身,如质量、能量及其分布等。

1915年11月25日,爱因斯坦在普鲁士科学院发表了名为“引力场方程”的演讲,提出了这个紧凑而优雅的方程,广义相对论正式诞生。这个简洁的等式,讲述了“物质告诉时空如何弯曲,弯曲的时空告诉物质如何运动”。

虽然爱因斯坦确信他的理论很完美,但他知道,在有确切证据证明这一理论之前,没有人会接受。他仍然需要等待完美的日全食照片。

天文学家的对决

1918年6月，日全食又将再次出现！利克天文台的坎贝尔又出发了，《纽约时报》也派出记者随行。

这是记者发回的报道：

云开见日食——爱因斯坦理论的检验

就在最关键的一刻，云开雾散，月球逐渐遮住太阳，太阳越变越小，直到最后能看到从月球山峰间穿过来的阳光。然后太阳就不见了，一切陷入黑暗。

坎贝尔仔细地分析拍摄的照片，对每颗星星的位置反复核查。根据爱因斯坦的预言，星星看起来会稍微移动一点点，但移动幅度远小于1毫米，测量起来可不容易。

但根据照片，所有的星星似乎都在正常位置。这就意味着：爱因斯坦可能错了！

这个打击对爱因斯坦将是致命的。

几个月后，第一次世界大战终于结束了。这时候，爱因斯坦的救星，英国天文学家爱丁顿出现了。虽然爱因斯坦和爱丁顿所在的国家在战争中是对立国，但爱丁顿相信科学没有国界，他相信爱因斯坦新的宇宙理论，希望能为其找到证据。

爱丁顿查到下一次日全食会发生在1919年5月29日，非洲是最好的观测地点。

在海上颠簸五个月后，爱丁顿到达非洲。他在丛林间架起望远镜，等待日全食的出现。雨下个不停，他的心里越来越紧张。突然间，雨停了，奇妙的事情发生了：云间出现了缝隙，月球出现了！他立马按下快门……

这是爱丁顿拍摄的1919年日全食照片，1920年收入他的论文当中，他在论文中宣布日食实验成功。

这一边，爱丁顿刚刚回到英国；那一边，坎贝尔也正好乘船来到伦敦，带着前一年日食科考队的秘密结果，来向英国皇家天文学会汇报。

科学家将日全食时拍摄的照片与平常拍摄的照片对比，验证了广义相对论。

"爱因斯坦错了！"坎贝尔宣布了他的结果。

戏剧性的转折很快就出现了。有人收到了爱丁顿的一封电报："我还没有最终确认，不过看来，爱因斯坦可能是对的！"爱丁顿的初步结论恰好与坎贝尔相反。

4个月后，爱丁顿获得了最终的照片结果。他站在英国皇家天文学会的演讲台上向世人宣布："爱因斯坦在广义相对论中，预测光在太阳边缘有1秒75的角度偏移，通过对照片的测量，已经得到证实！我们的另一支去巴西的科考队拍摄的照片也证实了这一点。"

他抬头望向学会上方悬挂着的牛顿的肖像说："原谅我们，牛顿爵士，你的宇宙要彻底改变了。"

广义相对论的多种打开方式

作为和我们这个宏观宇宙拟合度最高的版本，广义相对论有着很多让人着迷的结论，让我们看一下吧。

时间晚点

引力越大的地方，时间流逝得越慢。如果引力极大，那里的时间几乎是停滞不前的，比如黑洞边上，那儿的一秒，也许相当于我们这儿的一百年、一千年，甚至一万年！

引力红移

如果在质量庞大的星球上发一束蓝光，我们会看到光渐渐变成红色！

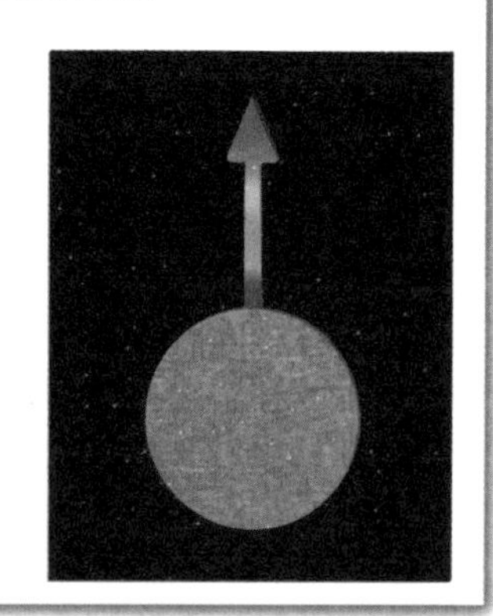

引力透镜

当背景光源发出的光在引力场（比如星系、星系团及黑洞）附近经过时，光会像通过透镜一样发生弯曲。你看，图中外围的四颗星星没有一颗是真正的星星。真正的星星躲在后面！

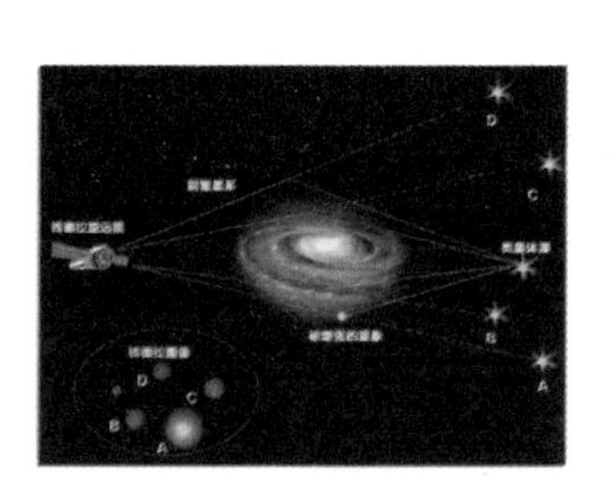

引力波

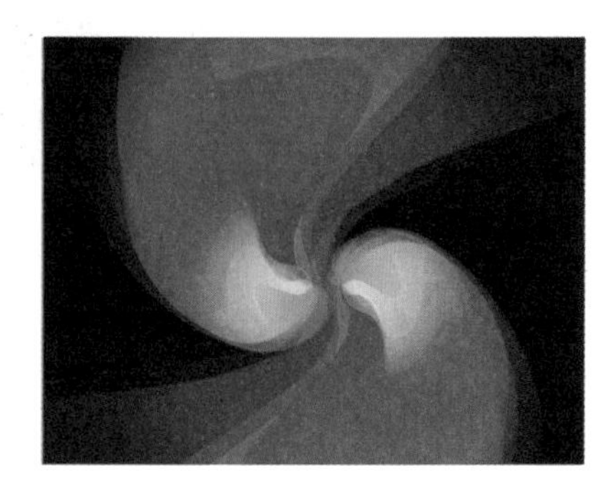

引力怎么传递？牛顿认为这是一种瞬时作用，根本不需要时间。但爱因斯坦认为，引力作用和电磁作用类似，以波动的形式向外传播。这就是引力波。

当高密度、大质量的物体(比如黑洞)在宇宙中加速时,它们会在时空之海泛起涟漪,涟漪以光速向外传播。这些涟漪携带着大质量物体的引力辐射,在广阔的宇宙中扩散开来。(欲知详细内容,请“穿越”到下一节)

小链接

你知道吗? GPS系统实际上是太空中的一只大钟,地球轨道上共有30颗GPS卫星,它们发射信号,播报自己所处的时间和位置。手机的GPS模块只需接收4颗卫星的信号,就能确定手机在时空中的位置:三个空间坐标和一个时间坐标。

根据狭义相对论,运动的时钟会变慢。而广义相对论又说,在引力场中,位于高处的物体始终走得更快,这两种效应并没有完全抵消,广义相对论的效应更明显。所以在卫星运行轨道中,时间会走得更快。

然而,工程师们在设计第一颗GPS卫星时,并不相信他们的时钟在太空中会变快,他们没有对卫星做校正,就把它发射升空了!仅仅过了几分钟,GPS的误差就大到无法导航,一天后,误差达到了数十千米!工程师们只好重新校对了卫星的时钟,而这一次,他们相信了广义相对论!

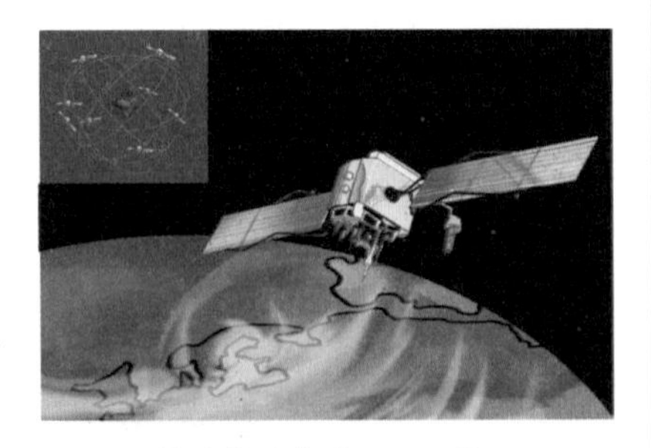

位于轨道中的GPS卫星。

⑥ 听爱因斯坦讲述引力波

现在，我们已经学到了不少知识：
牛顿的引力理论：人们关于引力最早的理解；
牛顿引力理论的缺陷：不知道神秘的引力从何而来；
爱因斯坦的引力理论：引力是时空的弯曲；
最著名的电磁波理论：光是一种电磁波。

今天，我们专门把爱因斯坦请来，请他给我们讲一讲引力波的故事。

下面是记者和爱因斯坦的对话。

记者：科学家刚刚发现了引力波！对此，你有何想法？

爱因斯坦：（打了个哈欠，似乎刚刚睡醒）是吗？我还不知道呢。

记者：你在20世纪研究引力波时的生活状态是怎样的？

爱因斯坦：在科学研究上，我几乎没有休息的时间。除了研究引力波，我还在研究光的发射与吸收的量子理论。

记者：现在这些似乎都弄明白了。请你告诉我，引力波到底是什么？

爱因斯坦：它是我的引力场方程的一个近似波动解，我由此预言了引力波。

记者：听起来像从麦克斯韦方程中解出电磁波的波动方程一样。可以不借助方程式讲给我听吗？

爱因斯坦：当物质在时空中运动时，附近的时空就会发生改变，这种改变产生的时空的涟漪会以光速像波一样向外传播。

记者表示没听懂，于是爱因斯坦又从另一个角度开始阐述了。

快来听爱因斯坦的公开课吧！很简单的，你也能听得懂哦！

公开课名称：时空之海的涟漪——引力波

主讲人：爱因斯坦

关键词：引力场

储备知识：电磁波、电磁场、引力、时空

让我们从引力场开始讲起。

你知道什么是引力场吗？

我们把物体之间没有直接接触而产生的相互作用，它在空间中的分布称为场，如果这种相互作用是由万有引力产生的，那就叫作引力场。

听起来有些深奥吧？实际上并没有那么难。想一想我们知道的磁铁！将一根钢针放到一块磁铁附近，它会被吸引。但是针和磁铁并未接触，如何产生吸引作用呢？

物理学认为，这种吸引作用，是由磁铁周围存在的一种看不见、摸不着的物质传达的，我们把它叫作磁场。

1913年，我提出了万有引力场论——任何物体周围都存在引力场，它存在于弯曲的时空里。

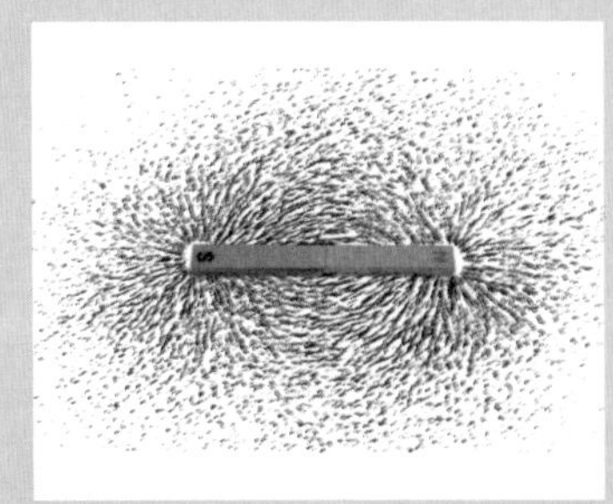

在磁铁周围存在着磁场，它使铁屑在磁铁周围有规则地排列。

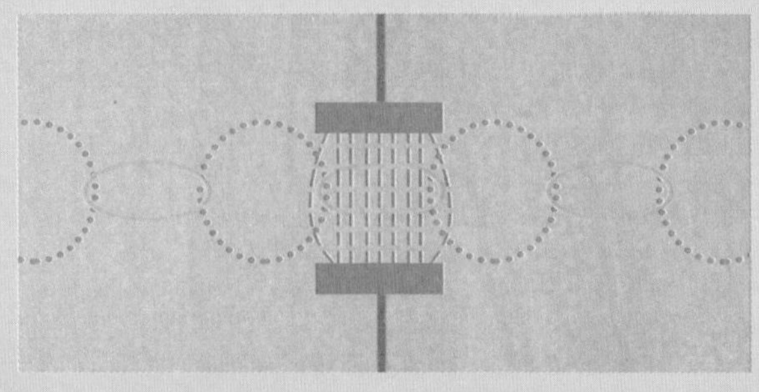

电磁波传播示意图。

在正式介绍引力波之前，我想拿电场和磁场做一下对比。我们知道，静电场和静磁场都不会辐射电磁波。根据麦克斯韦的电磁场理论，变化的电场会产生磁场，如果这个磁场也是变化的，那么它又会产生新的电场……这样，变化的电场和磁场就会由近及远，形成我们常用的电磁波。

两颗相对位置不变的恒星之间的引力，我们称之为静引力场，一般来说是很难检测到引力波的。

和变化的电磁场产生电磁波一样，变化的引力场，尤其是交变（大小和方向呈周期性变化）的引力场才会产生引力波。

引力场与引力波的关系就像乐器和声音的关系。如果一把吉他静止地放置在那儿，是不会有声波传出来的；当人们弹拨吉他时，才会发出声波。弹拨的过程，就像引力场发生变化的过程。

人们将引力波比喻成时空之海的涟漪，这是个很美的比喻。当一滴水滴入平静的湖面时，湖面会产生一圈向外扩散的波纹；如果不停地将水一滴一滴、等间隔地滴入湖面，那么湖面就会产生一圈一圈、不停向外扩散的波纹。如果有一片树叶漂在水面，那它就会随着水波周期性地上下起伏。

水滴入湖面产生涟漪。

但是，在宇宙这个宏观的层面，根据质量守恒定律，不会有某个天体突然出现或无端消失的情况，也就不可能有类似于水滴滴入湖面产生涟漪的情况。

如果不是水滴，而是一艘小船在围绕某个中心打转，它也会激起一圈一圈的涟漪。如果打转是匀速周期运动的话，也会向湖面周期性地扩散出一圈一圈的波纹。漂在水上的树叶，同样会周期性地上下起伏。

这类似于地球围绕太阳旋转，会有引力波向外辐射。但由于引力场与电磁场相比，是一种较弱的相互作用，人挥手时产生的引力波功率大约只有10^{-50}瓦，这实在太小了。哪怕是地球这么大的天体，所能向外辐射的引力波功率也只有大约200瓦，是家用微波炉功率的十分之一左右！离地球稍微远一点，例如在月球上，就很难检测出这个能量了。

只有质量足够大的物体做旋转运动时，才会产生足够大、易于被人们检测到的引力波。

那么，宇宙当中什么天体的质量比较大呢？对了，黑洞！但黑洞质量实在太大了，它怎样才会做一个圆周或是类似圆周的运动呢？必须是围绕着质量比它更大的天体，只有在这个更大天体的束缚下进行圆周运动才有可能。

如果把地球比喻为宇宙中一艘小船的话，那这两颗黑洞就像两枚霸王级鱼雷，在水中围绕它们共同的质心高速转动。两枚鱼雷虽然质量不大，但威力不容小觑，它们逐渐旋转，越靠越近，越靠越近，最后的一瞬间撞在一起，掀起滔天巨浪。哪怕在很远的地方游泳的人们，也能感受到水波的起伏。

比黑洞大的天体可能是另外一个黑洞。也就是说，当一个黑洞绕着另外一个黑洞进行旋转时，这时产生的引力波才可能是比较强的，才可能被我们人类探测到！

你们这次检测到的引力波，应该就是这么来的！

记住一点：变化的引力场才会产生引力波！比如大质量天体的加速、碰撞、合并等。

我明白了，首先，天体的质量要够大；其次，天体必须加速或旋转得很快。

欢迎来到爱因斯坦引力波问答秀

问:引力波是怎么传递的?

答:把引力波想象成由投入池塘中的石头引起的水波,这样可能会帮助理解。当石头投入水中,水就立刻被扰动,并且扰动会从石头入水处传播到其他地方。相似的,大质量物体的质量或者速度的突然改变会扰动周围的时空,然后这些扰动会以引力波的形式传播。

问:如果太阳突然消失,将会发生什么事?

答:如果太阳突然消失,它周围的时空会发生改变。依据我的理论,在水星附近的时空会比在冥王星附近的时空先发生改变,所以水星会先飞出轨道,接着是金星、地球……这些时空的改变以引力波的形式传播。

问:引力波会影响我们吗?

答:当引力波在空间中传播的时候,它们会引起时空的变化。这就意味着我们身体的形状会由于引力波的通过而发生振荡。我们会发生形变,先被拉长,再被缩短,如此反复。

如果你在黑洞合并现场的话,你就死定了。1.5米的人,可能会在1毫秒内被拉伸到3米高,又被压缩到0.75米高,再被拉伸……

幸运的是,这些波长途跋涉上亿光年到达地球时,给我们带来的变化微乎其微,所以不用紧张啦!

问:为什么要研究引力波?

答:(笑)对引力波更精确的测量能进一步验证我的广义相对论。

引力波能够穿透电磁波无法穿透的空间,它能够帮助我们了解位于地球远处的宇宙中的各种天体,例如黑洞、中子星……这类天体无法用光学望远镜和射电望远镜等传统方式进行观测。此外,天文学家还能够利用引力波来观测宇宙最早期的状态。

想了解黑洞的秘密吗?想知道还有什么天体发出的引力波可能被我们探测到吗?想知道引力波具体是怎么被探测到的吗?接下来,就让我们进入引力波的世界吧!

引力波源　宇宙极早期(暴涨时期)的量子涨落

宇宙早期的相变过程、宇宙弦
星系中心的超大质量双黑洞

致密双星合并
大黑洞捕获致密天体
极端/中等质量比例旋
银河系内的双白矮星

旋转中子星
超新星爆发

引力波周期　宇宙年龄　年　小时　秒　毫秒

对数频率(Hz)　–16　–14　–12　–10　–8　–6　–4　–2　–0　–2　–4

引力波谱。

天体篇

开启探寻引力波源之旅

Celestial body

1 收听宇宙大爆炸

大家好,我是来自遥远星球的引力波小子。我是一位太空探险家,现在正在经营星际探险这门生意,下面是我的宣传单。

探寻引力波源之旅

想认识引力波的奥妙,请参加引力波小子探险团!

这是一次超真实的模拟飞行,给你身临其境的星空感受!

你可以乘坐由专人驾驶的豪华宇宙飞船,惬意漫游整个宇宙!

1. 所有活动、探险和娱乐都有你想象不到的刺激!

2. 探索各种各样不同类型的星星:白矮星、中子星、脉冲星、黑洞! 总之,这是一次探寻引力波源之旅!

3. 欢迎携带任何种类的宠物(包括植物),只要你为它付费并保证它不会伤害其他人或动物!

4. 尝试感受超爽的太空漫步。

还等什么呢,快来报名吧!

旅行计划

我们将拜访一些稀奇古怪的星星。不过太空漫无边际,如果不做计划,我们会迷路的! 我们的行程如下:

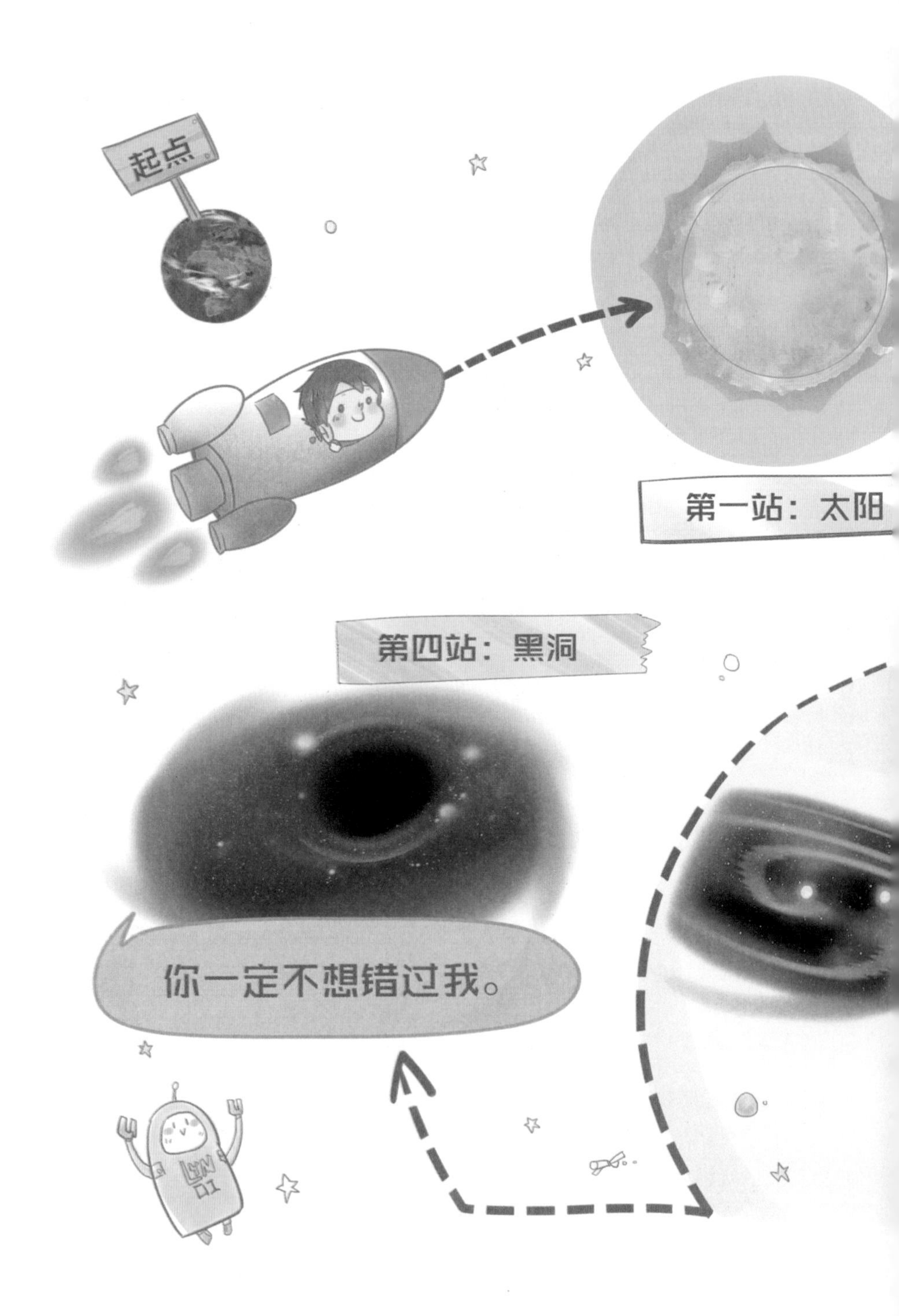
起点
第一站：太阳
第四站：黑洞
你一定不想错过我。

第二站：白矮星
◇近距离感受太阳的未来
◇最佳的稳定引力波源：双白矮星
引力波号
这是最早验证引力波存在的星星，所以一定要带你们看看！
第三站：中子星
我是世界上最大的原子核！

这是一次拜访超大质量、超大密度的天体之旅，因为可能被我们探测到的引力波大都是超大质量和超大密度的天体发出的，这样的致密天体才是我们要寻找的引力波源。在每段旅程中，我们都会给出一份自动生成的引力波存在报告。

在你登上宇宙飞船之前，先来了解我们将要进入的宇宙吧！

大爆炸——宇宙诞生了

科学家认为，宇宙的起源源于一个被称为大爆炸的事件，这个事件标志着空间与时间的开端。大爆炸发生在138亿年前，这可是一个超级大新闻！

宇宙编年史报

独家新闻

本期精彩导读：大爆炸年表　科学家谈大爆炸——暴胀时期　宇宙大爆炸的证据

宇宙诞生了

今天早上，随着一次大爆炸，时间和空间开始了！

没有人知道爆炸的原因，人们只知道，这一瞬间，科学上称为“时间等于零”的时刻来了！——在大爆炸之前，时间是不存在的。而这一刹那，时间变得重要了。

不啰唆了！让我们看一下现场发回的报道吧！

○ 就在第一秒

宇宙的第一秒可忙了，在这个至关重要的时刻，支配世界的引力和其他各种力诞生了，而且宇宙急剧膨胀，从一个无限小的小点儿长成了直径上亿千米那么大！

○ 就在第一分钟

在不到一分钟的时间里，宇宙的直径已经长达1600多万亿千米，而且还在继续扩大！

○ 三分钟之后……

宇宙中存在的或将会存在的98%的物质都产生了！

——现在，我们的宇宙就从无到有了！

想知道后续发展吗？快来订阅我们的《宇宙编年史报》……

想观看直播吗？不过宇宙诞生的大爆炸可是没有爆炸声的，因为当时还没有空气来传播声音，希望你不会太失望……

想观看图像吗？这也会令你大失所望。那时候，天地混沌一片，星体尚未形成，光子、电子及其他粒子一起，充满整个宇宙。宇宙处于一片晦暗的迷雾状态，光都无法穿透——光子被绑住了手脚，寸步难行。所以，我们什么也看不见。

大约过了38万年，光子才得到“自由”，开始在宇宙中穿行。从此之后，宇宙变得“透明”起来。

让我们请出发现这个关键时刻的科学家——彭齐亚斯和威尔逊。

地球人：收听宇宙大爆炸

1964年，美国新泽西州的贝尔实验室。

两位年轻的科学家彭齐亚斯和威尔逊想要使用那儿的大型通信天线。但是他们不断接收到一个噪声的干扰，连续不断的嗞嗞声使实验无法进行下去。

这个噪声处于微波频段，而且不管白天还是黑夜，不管他们把天线转向哪个方向，即使转向闹市，这个噪声还是会出现！它既没有周期的变化，也没有季节的变化，因而可以判定与地球的公转和自转无关。

彭齐亚斯和威尔逊利用这个号角形天线发现了宇宙微波背景辐射。

是不是天线本身出了问题?

他们测试了每个电器系统,重新组装仪器,检查线路,查看电线,掸去插座上的灰尘。他们还爬进号角形的天线,用胶布粘住天线里的每条接缝。接着他们又带着扫帚再次爬进去,小心翼翼地捉住住在里面的鸽子,并把鸽子寄送到遥远的地方,清除了天线上的鸽子窝和鸽子粪……

可是一切都是白费劲,神秘的噪声并没有消失!

这些神秘的噪声,成了历史上最重要的科学发现之一。这些噪声不是来自声音,而是源自光的诞生过程。

报告人:伽莫夫

宇宙大爆炸猜想

要是你朝空间深处看,就会发现宇宙大爆炸超38万年后残留的宇宙微波背景辐射。这种辐射穿过茫茫宇宙,会以微波的方式抵达地球。

这些神秘的噪声正是伽莫夫所预言的,宇宙诞生之时遗留下来的宇宙辐射,充斥在宇宙的每个角落,是宇宙中最古老的光,现在已经变成了微波。我们称其为宇宙微波背景辐射。

现在,你是不是也想看宇宙诞生之初的这些光?不过,利用传统的光学望远镜是看不到的,你只能看到恒星和星系之间漆黑的空间(背景)。只有利用超灵敏的太空探测器等设备才会发现这些微弱的背景光——我们的眼睛只能接收可见光,但太空探测器能接收看不见的微波辐射。

当你把电视机或收音机调到收不到信号的频道，这时会有许多背景杂音，在这些背景杂音中，大约有1%是由古老的宇宙大爆炸残留物造成的。也就是说，当你抱怨电视机或收音机收不到信号时，你至少可以“收听”宇宙的诞生！

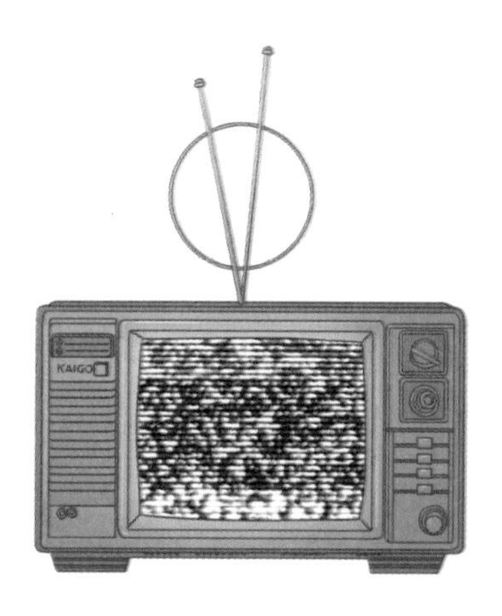

小链接

第二次世界大战结束以后，射电望远镜开始广泛应用于天文观测，开启了除可见光外电磁波谱观测的一个新窗口，并在20世纪60年代帮助人类取得了被称为“天文学四大发现”——宇宙微波背景辐射、脉冲星、类星体和星际有机分子的新成就。

2011年，欧洲航天局发射了普朗克卫星，它观测到的宇宙微波背景辐射，是我们现在得到的最精确的微波背景辐射图。

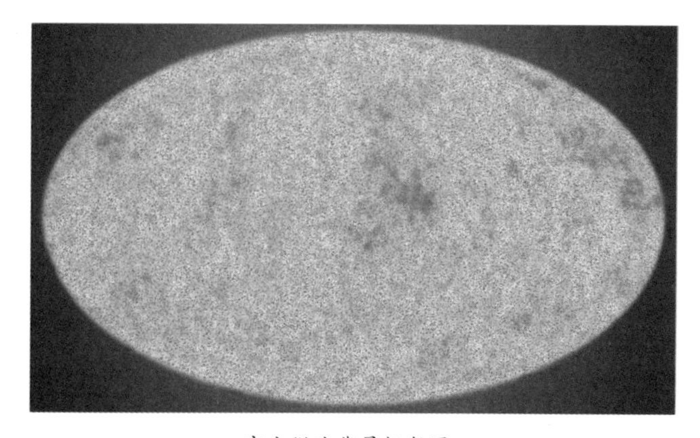

宇宙微波背景辐射图。

我们可以看到，宇宙微波背景辐射图中有着细微的不均匀。这些不均匀显示出微小的温度差异，说明物质和热量在宇宙的某些区域会比在另一区域分布得更多，密度更大。在密度较大的区域，引力开始起作用，把这些物质聚集在一起，形成星系团、超星系团或者星系本身；密度较小的区域会膨胀成星系间的空虚区域……

不过，这些都是宇宙大爆炸起38万年后的事情。那38万年之中，到底发生了什么？

大爆炸的黑匣子——原初引力波

根据宇宙微波背景辐射，我们可以看到宇宙大爆炸起38万年后的光，但38万年之前的宇宙对我们来说，却是黑暗时期，一切都只是猜想。

不过“若要人不知，除非己莫为”，一定有蛛丝马迹被遗留在宇宙之中——如果宇宙初创之时发生大爆炸，然后急剧膨胀的话，那么这种时空的急速变化会带来引力场的变化。就像在平静的水面投下一块石子，引力场的变化以波动的形式向四面八方传播开来，形成引力波，是的，这就是原初引力波！

但宇宙大爆炸后的38万年，我们什么都没观测到，只捕捉到38万年后的光——宇宙微波背景辐射。于是，科学家试图利用宇宙微波背景辐射图，来观察最古老的引力波——原初引力波，看它留下的痕迹。（具体探测原理，请“穿越”到第142页）

引力波存在报告

原初引力波是宇宙诞生之初产生的一种时空波动，随着宇宙的膨胀而被削弱。经过138亿年的“稀释”，这些信号变得非常非常弱，观测时很容易受到其他信号的干扰。

准备出发

现在，做好准备，我们就要开始宇宙旅行了。不过，你会被宇宙无与伦比的巨大吓到的……

从大爆炸开始，宇宙就一直在膨胀！什么？你问科学家是怎么知道的？让我们请出聪明的科学家哈勃！

关于宇宙的两项重要发现

报告人：哈勃

1. 我观察旋涡星云，通过其中一颗星星亮度变化的规律，发现这颗星星到地球的距离超过100万光年，是银河系直径的好多倍。这说明宇宙不只是银河系，它比我们想象的要大。

2. 我研究了远处星系的颜色，它们表现出偏向红色的颜色。这是由于这些星系正在离我们远去，拉长了光的波长。如果星系正在离我们远去，那么宇宙一定正变得越来越大。

如果你不明白，可以拿一个气球来做试验！

鼓足一口气，将气球吹大，宇宙大爆炸如同这个吹起来、不断变大的气球。继续吹气，气球会变得越来越大。假设我们在气球（宇宙）的表面上，那么我们周围所有的物体（星系）都在离我们远去。

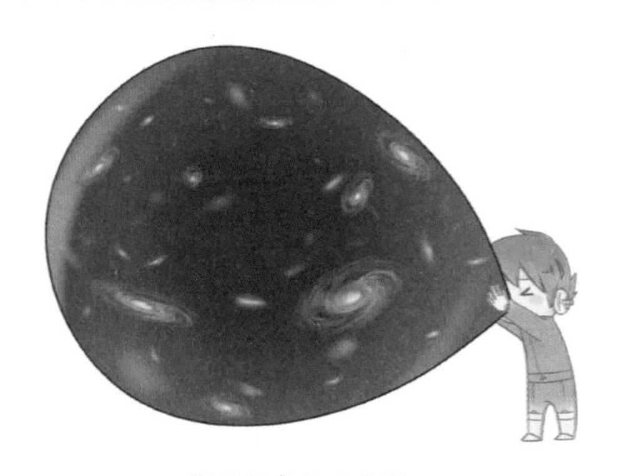

膨胀的宇宙示意图。

抬眼望去，宇宙中，即使是极其微小的一点空间，也存在着上千个星系。我们的银河系有1000多亿颗星星，但拥有这么多星星的银河系不过是本星系群（50多个星系）的一部分，而本星系群也只不过是宇宙400多个星系群之一，这些星系群合称为本超星系团。因此，如果你在旅途中想要给地球人写信，邮寄地址会是……

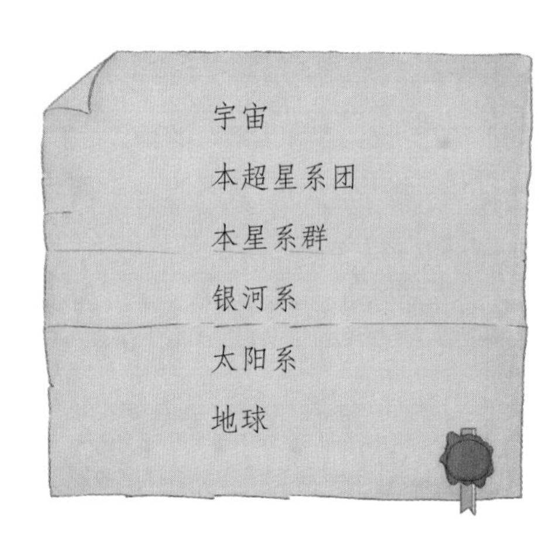

亲爱的地球人：

我终于找到宜居的星球了，快过来与我会合吧！

宇宙旅行团×××

（温馨提醒：这封信可能要经过数百万年或更长时间，才能到达地球人手上！）

② 引力波旅行第一站——太阳

宇宙飞船渐渐驶离地球,太空中漆黑一片,显得格外平静,远处繁星点点,神秘异常。

这么多星星,你心中可能充满疑问:恒星是怎么诞生的?恒星是怎么运行的?它们都一模一样吗?白矮星、黑洞、奇异星又是怎么来的?

你想要了解它们的秘密吗?为了寻找答案,引力波小子特意安排了一次到太阳的旅行,接下来我们就要去拜访太阳了!

不过拜访太阳可不像参观一座城市那么简单,在地球上我们可以自由呼吸,不用担心被引力压扁,但在太阳上是另一番景象:

太阳是个炽烈的大火球,你不能在它上面悠闲地散步,更没有奶茶店可以让你小憩一下,你可能根本找不到合适的地方歇脚!

太阳的诞生

宇宙编年史报

太阳正式诞生

这听起来真是一个振奋人心的好消息。

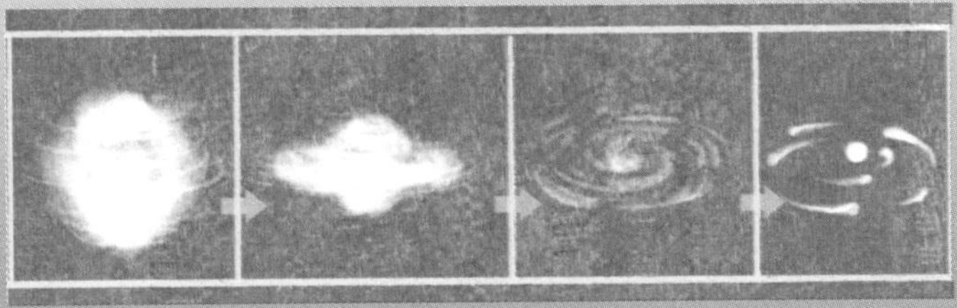

○ 46亿年前，一团旋转的气体和尘埃，在自身的引力作用下开始收缩。

○ 它们不断旋转，速度越来越大，再加上气体粒子之间的摩擦，气体团逐渐变形成为碟状，我们称之为吸积盘。

○ 收缩过程不断持续，看起来就要成型了！

○ 终于，气体尘埃团的中心部分形成一颗恒星——我们的太阳，远离但绕着中心部分旋转的物质也各自收缩，形成行星。气体尘埃团原先的转动，成了行星公转和太阳自转的原动力。

独家深入报道

太阳正式诞生的标志是什么

最初，太阳由星际气体云收缩形成时，内部除少量氦和微量的重元素（天文学中把除氢和氦以外的所有元素都叫重元素）外，全是最轻的元素氢。这是宇宙初始最容易合成的元素，也是宇宙中含量最高的元素。

越靠近太阳的中心，温度和密度就越高。当中心的温度和密度达到更高值（氢的聚变温度）时，氢的核聚变反应开始，聚变形成更重的元素氦，这时太阳就“正式”诞生了！

我们暂时把这个过程称为氢的燃烧。虽然不够准确，但是很形象！这个过程产生了巨大的能量，正是这个能量使得太阳持续不断地发出光和热！想知道这个能量有多大，那就在心里模拟一下氢弹的爆炸！

太阳每秒要耗费6.2亿吨“氢燃料”，如果要收费的话，它要付的燃料费肯定是个天文数字！

宇宙飞船渐渐驶向太阳，在离太阳2000万千米外，引力波小子拿出太阳的“X光片”给大家看。

太阳档案

直径：1392000千米。

体积：比地球大130万倍。

组成：大约四分之三是氢，剩下的几乎都是氦。

引力：比地球表面引力强28倍。

平均密度：1.408×10^3千克/立方米。

天气预测：将会热得难以忍受。

旅行小贴士：与太阳保持适当距离。如果一定要靠近，请穿上超厚的遮阳服。

旅行报告：太阳真是一个炽热的大球体！

宇宙飞船在距太阳的安全距离内盘旋着，引力波小子开始向游客介绍太阳最有趣的现象：

太阳黑子：太阳表面因温度相对较低而显得“黑”的区域。黑子的温度比太阳表面的其他区域温度低1500摄氏度，但是仍然烫得要命！

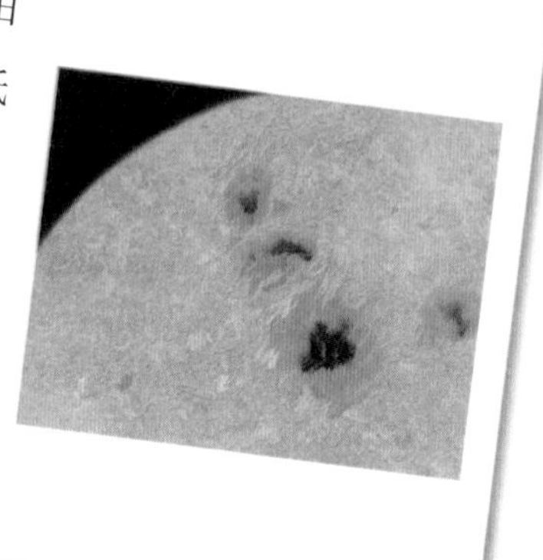

太阳耀斑：在太阳的表面突发的闪光现象。太阳耀斑很烫，足以把太空人烤熟。这时，一定不能进行太空行走！若宇宙飞船上的感应器侦测到耀斑，我们最好赶快离开！耀斑喷射出的粒子可以远达地球，危害地球上的基本电气设备。

星星的死亡

参观完太阳，大家意犹未尽，一个问题浮现在大家的脑海：当太阳的“氢燃料”燃烧完后，会发生什么事情？

我们知道，所有恒星形成的方式都和太阳一样，在引力作用下由旋转的气体以及尘埃形成。不过它们最终的命运如何，就要看刚出生的“恒星小宝宝”的个头有多大了。

如果这个小宝宝个头不够大，质量不到太阳的十分之一，它就不能引发核聚变，也就不能成为一颗恒星，这是一种“失败的恒星”，我们称其为褐矮星。它会慢慢地冷却下来。

个头像刚出生的太阳这么大的小宝宝，有足够的氢可以燃烧100亿年。所以，压根不用担心，我们的太阳，才活了一半，还有50亿年的寿命呢！

而个头比太阳大十倍甚至百倍的超级宝宝则很不稳定，它有很多核燃料，但是它内部的温度和压力也更高，氢燃烧得很快，它会很快“挥霍”完燃料，也就是说，它的寿命会很短。

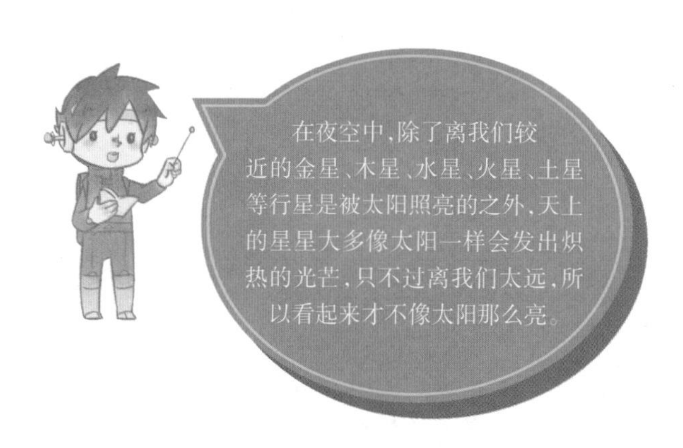

当氢“燃烧”完的时候，会发生什么呢？

下面我们就以太阳为例，看看恒星的一生吧。

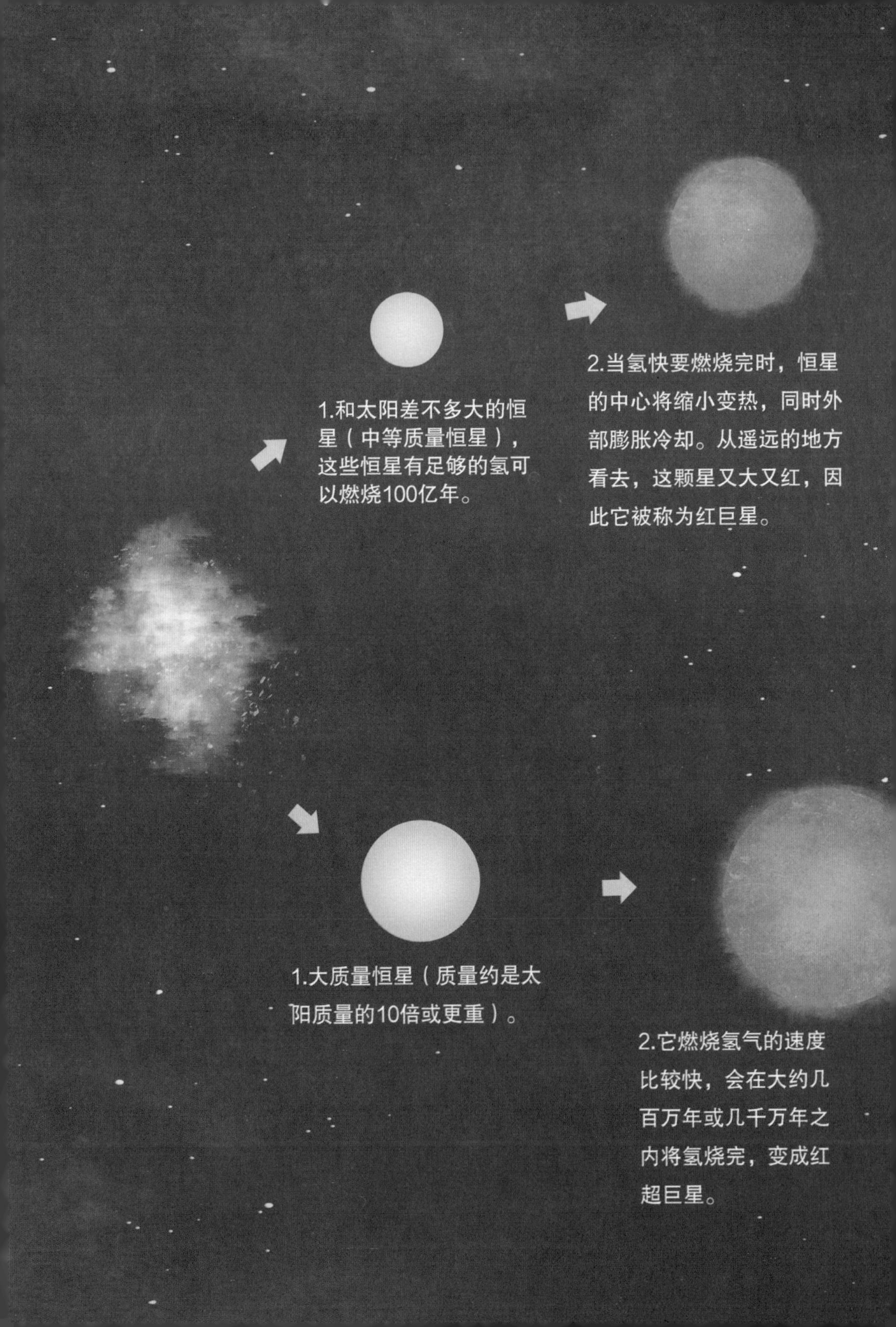

1.和太阳差不多大的恒星（中等质量恒星），这些恒星有足够的氢可以燃烧100亿年。

2.当氢快要燃烧完时，恒星的中心将缩小变热，同时外部膨胀冷却。从遥远的地方看去，这颗星又大又红，因此它被称为红巨星。

1.大质量恒星（质量约是太阳质量的10倍或更重）。

2.它燃烧氢气的速度比较快，会在大约几百万年或几千万年之内将氢烧完，变成红超巨星。

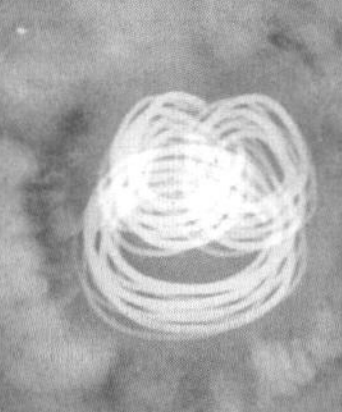

3.红巨星的生命不会很长，它会发生爆炸，将外层驱离出去，这就是“行星状星云”。不过不要被这个概念欺骗，它和行星根本就不搭界！

4.现在，恒星就只剩下一个“中心的核”了，继续发出微弱的光，这就是“白矮星”。它比较小，大约只有地球体积的几百倍，但是非常重！

3.随着氢气消耗殆尽，氦元素开始进行核聚变，产生更重的碳元素……当所有的燃料燃烧完之后，这颗恒星中心的温度高达40亿摄氏度，接下来它会发生爆炸，这颗爆炸的星星叫超新星。

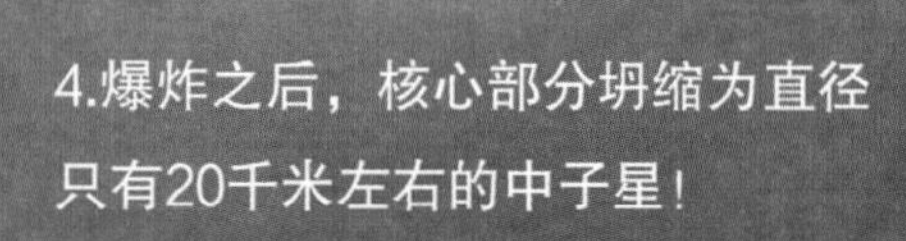

4.爆炸之后，核心部分坍缩为直径只有20千米左右的中子星！

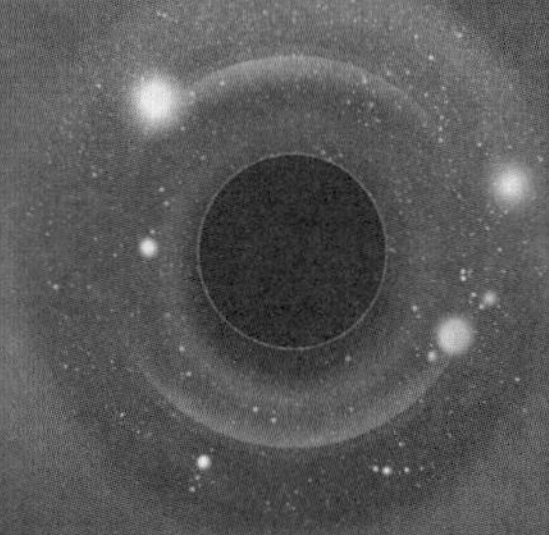

4.核心坍缩最强烈的，会变成黑洞！

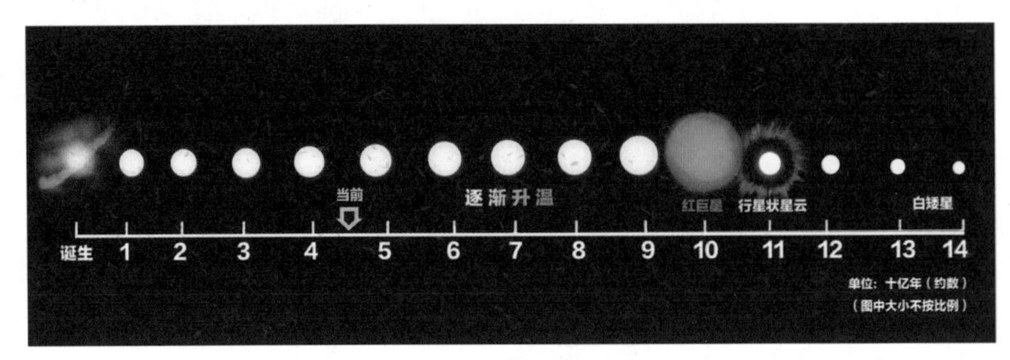

太阳的生命周期。

50亿年后太阳将会变成红巨星，其直径将扩展为现在的250倍，它膨胀的“外壳”将吞噬水星、金星，即使不吞噬地球，我们也早已被烤得嗷嗷叫了。如果地球上还有生命存在，他们应该已经在其他星球找到了新家。

引力波存在报告

在太阳旁边，我们的仪器居然丝毫没有检测到引力波！

早该想到的！

接下来，继续我们的旅行，去看一下我们末日的太阳——白矮星！

如果把我比作银河系，那太阳系连我的指甲大小都不到！

不会吧？我居然在这么一点点儿大的太阳系里玩！

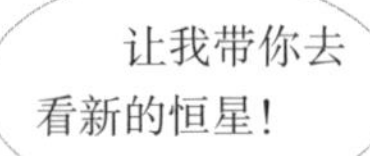

③ 引力波旅行第二站——白矮星

漫长的旅途中，引力波小子教大家观察起星空来。星空和我们平常所见有些不一样，大家好不容易才找到北斗七星。

真的是北斗七星吗？旅行团里的一些成员表示怀疑，因为在望远镜中，它勺柄处的第二颗星星是两颗星星“挤在一起”的，就是我们常说的“双星”。

这个有趣的现象不是我们发现的，早在四百多年前，伽利略就知道了！

故事要从1609年意大利的集市讲起。

发现双星

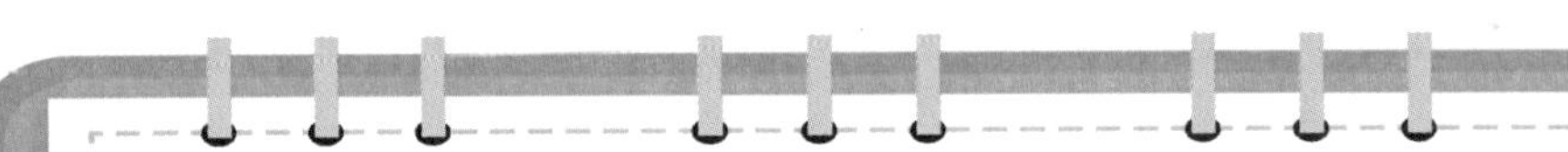

伽利略的日记1

1609年×月×日

今天听人说，集市上有来自3000千米外的荷兰的新奇玩具，一根管子加上几片玻璃，就可以把远方的灯塔拉近，让人看得更清楚！

这种玩具真的有这么神奇吗？不过如果可以把灯塔拉近，那不是可以把夜空中的星星也拉近？我开始动手制作了起来。

伽利略(1564～1642年),意大利物理学家、数学家、天文学家及哲学家,科学革命中的重要人物,被誉为"现代观测天文学之父""现代物理学之父""科学之父"及"现代科学之父"。他是第一个认识到望远镜将可能用于天文研究的人。图中情景发生于1609年8月,伽利略正在演示他的望远镜。

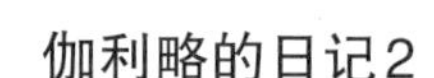

伽利略的日记2

1609年×月×日

今天夜里,我接待了一位老朋友,刚一开门,他就迫不及待地宣告:"我发现了两颗连在一起的星!"

"连在一起?在哪儿?"

"就在大熊座的尾巴那,第二颗星!"

我吹灭蜡烛,疑惑地望向星空,星光璀璨,和平常并没什么不同。但我还是走到窗边的望远镜旁,将镜筒调试到北方,仔细观察。

"真的是连在一起!这简直太有趣了!"我太高兴了,直接给了老朋友一个长长的拥抱,弄得他都不好意思了。

大熊座,也就是我们中国人眼中的北斗七星,它勺柄的第二颗星,不是一颗星,而是两颗比太阳和地球间的距离远380倍的星星"挤"在一起!

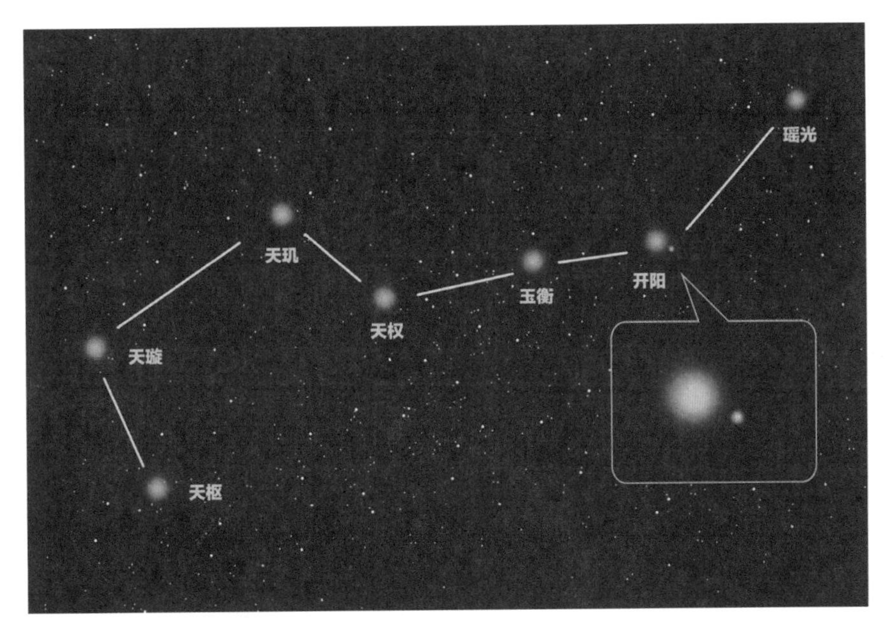

北斗星斗柄方向的变化可以作为判断季节的标志之一。古籍《鹖冠子》记载:“斗杓东指,天下皆春;斗杓南指,天下皆夏;斗杓西指,天下皆秋;斗杓北指,天下皆冬。”

在月光暗淡的夜晚,你才能看到那颗小小的星星——“辅”。古时候,阿拉伯人就用这颗星来测试人的视力是否良好。

伽利略把这两颗星称作双星。后面的发现也变得顺理成章起来。在南半球的天空,有人发现明亮的恒星**十字架二**也是双星。

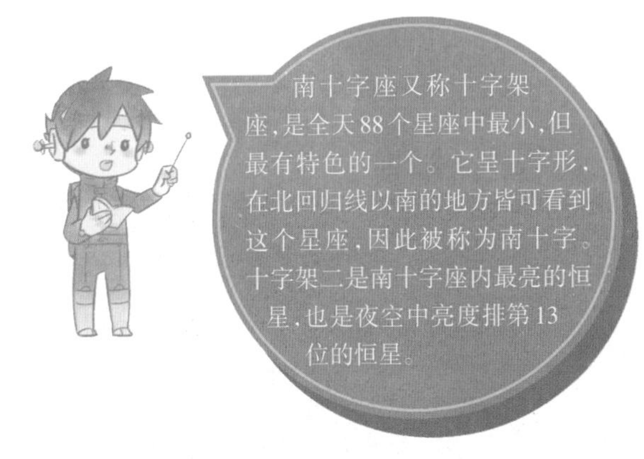

事实上,我们夜空中所见的星星大多不是一颗星,如果不是双星,就是两颗以上恒星组成的多星系统。比如离我们最近的比邻星,就是由三颗恒星组成的,它们相互运转,因此在不同的历史时期,“距离最近”这顶世界之最的桂冠是由这三颗星轮流佩戴的,比邻星只是多星系统中最小的一颗。

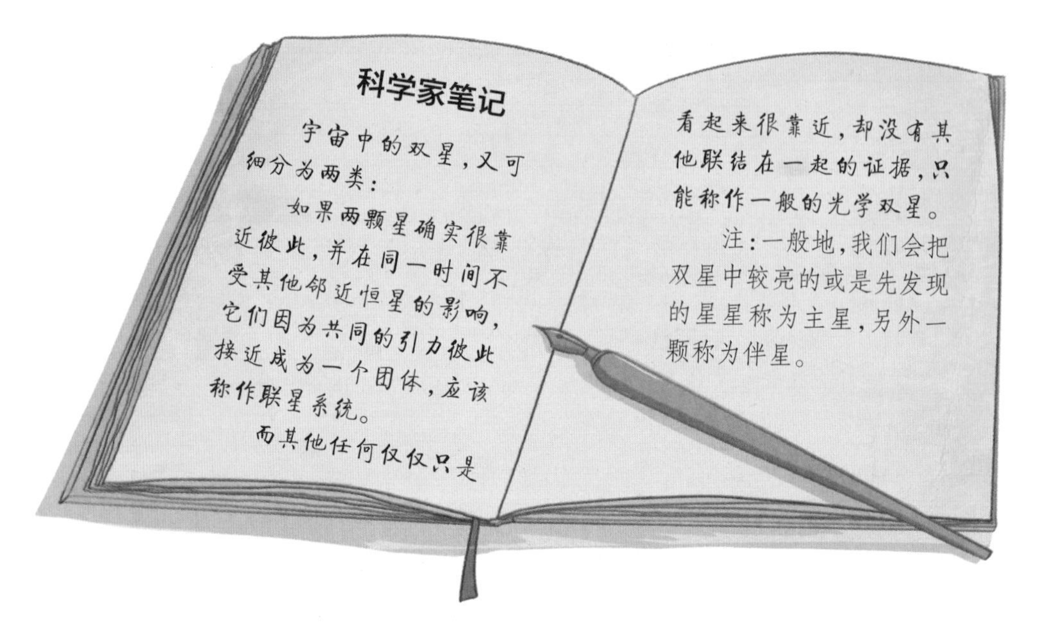

靠近天狼星

宇宙飞船渐渐驶向天狼星，这是我们在地球上能看到的天空中最亮的星星。在夜空中，除了月球和金星、木星、水星、火星、土星五大肉眼可见的行星外，最亮的星星就属它了！在北方的冬季夜晚，它显赫地在南天偏低的夜空中闪耀，使得周围的其他星星都黯然失色。

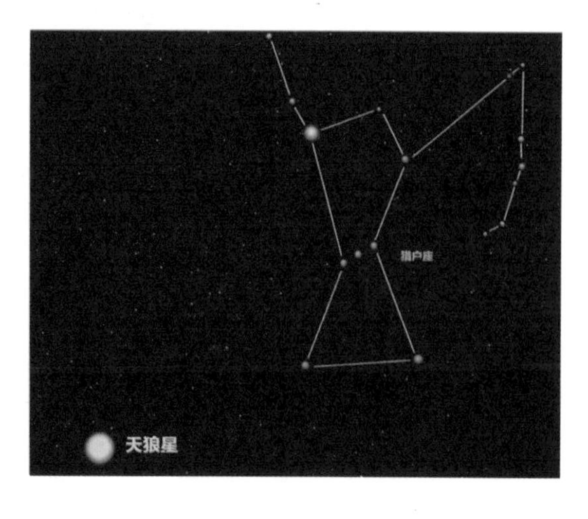

中国古代星象学说中，天狼星是“主侵略之兆”的恶星。屈原在《九歌·东君》中写道“举长矢兮射天狼”，以天狼星比拟位于楚国西北的秦国。苏轼《江城子》中“会挽雕弓如满月，西北望，射天狼”，以天狼星比拟威胁北宋西北边境的西夏。其实天狼星并不在西北，而在南方的天空。

它比太阳亮26倍，而你没有惊叫“啊！我的眼睛”的唯一原因是——天狼星距离我们太遥远了，没有多少光照到地球上。

这是距离地球第五近的恒星，不过我们肉眼看起来只有一颗的天狼星，实际上是一个联星系统！它的身边还有一颗小小的星星，这才是我们今天的目的地。

哈勃太空望远镜拍摄到的天狼星A和天狼星B，天狼星B位于左下方。

地球人的发现

1844年，德国天文学家贝塞耳仔细测量了天狼星的位置变化，发现它沿着一条波浪线前进。是什么原因使天狼星摇摇晃晃地前进呢？贝塞耳做出一个惊人的推断：天狼星旁边有一颗未被发现的伴星！

直到将近二十年之后，在1862年，这颗伴星才被美国天文学家克拉克用自制的当时最大口径的折射天文望远镜最先看到。

这颗伴星同天狼星相比实在是太暗了，在望远镜里看起来，好像是望远镜的缺陷所引起的假象一样。天文学家称这颗伴星为天狼星B，还给它起了个绰号，叫“小狼”。

当旅行团到达天狼星附近的时候，大家惊呆了，两颗白色星星发出莹莹的光，一颗大，一颗小，看起来都那么的圣洁漂亮。

这颗小小的、和地球差不多的星星就是“小狼”！它是现今观测到的离我们最近的白矮星，距离我们只有8.6光年，也是有史以来人们发现的第二颗白矮星。

这种和地球大小差不多的星星呈白色，体积矮小，所以被命名为白矮星。第一颗被发现的白矮星是波江座40B，1910年被发现。

密度之谜

“小狼”的直径约1.2万千米，比地球还要小，但质量却和太阳差不多，是地球的30多万倍！这意味着什么？

它把太阳的质量打包成一个地球的体积，也就是说，密度超级大！

1915年，科学家在解读了“小狼”所传来的光信息之后，在日记本上写下这样的话：“组成‘小狼’的材料，只是一块可以放进火柴盒里的大小，它的质量就可以超过1吨！”

对此，我们应该做何回应？在1915年，我们通常只会有一种回应：“闭嘴，别尽说些荒唐话！”

天狼星B档案

绰号：小狼。

距离地球：8.6光年。

质量：太阳质量的98%。

直径：约1.2万千米，比地球直径（1.28万千米）还要小！

引力：是地球表面引力的30多万倍。也就是说，若一个50千克的人站在

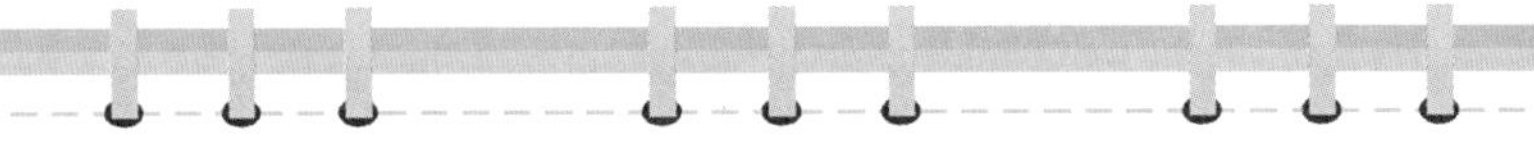

天狼星表面，其体重可达1500多万千克！

天气预测：表面温度大约25000摄氏度，比太阳还要热！

其他资料：与天空中最亮的天狼星互相绕转，组成双星系统。它们绕转一周需要约50年。

什么东西密度能有这么大？在解答这个问题前，让我们先来看一下组成物质最基本的微粒——原子，又是如何构成的。

卢瑟福原子模型，又称“原子太阳系模型”。中间的表示原子核，蓝色的表示电子。

原子模型报告

时间：1906年

报告人：卢瑟福

今年，我做了α粒子散射实验，根据实验，我推断出：

原子的大部分体积是空的，电子随意地围绕着一个带正电荷的很小的原子核运转，就像行星围绕着太阳运转一样。原子的质量几乎全部集中在直径很小的原子核内，电子在原子核外绕核做轨道运动。

从卢瑟福原子模型出发，科学家这样解释白矮星密度之大的原因：

太阳演化成的红巨星发生爆炸，在极高的压力下，普通原子核的电子层级崩溃，电子脱离原子核，成为自由电子。这种自由电子“攻城略地”，占据了原子核之间的空隙，从而使原子核周围的空间挤满了电子，物质的密度大大提高了。

这种宇宙中不起眼的白色星星，却有着这么奇特的性质！这就是我们太阳的未来——白矮星。到目前为止，共发现了9000多颗白矮星，更多的白矮星还在不断的发现中。

下一节，让我们看一下白矮星是如何成为热门的引力波源的！

小链接

经过漫长的时间，白矮星的温度将冷却到再也看不到光度，成为冷的黑矮星。但是，现在的宇宙仍然太年轻(138亿岁——这听起来像是在开玩笑)，即使是最年老的白矮星依然辐射出数千摄氏度的温度，还没有黑矮星的存在！

④ 最佳的稳定引力波源——双白矮星

现在,我们已经进入寻找引力波源旅程的第二站,但是还没有找到合适的引力波源。在爱因斯坦的公开课上,我们知道寻找引力波要注意变化的引力场,但是如何寻找变化的引力场呢? 在一颗白矮星和其他星星组成的双星系统中,有一类亮度变化特别剧烈的双星系统,我们称为激变变星。科学家认为,这是一种易于观测的引力波源,其中的双白矮星更被认为是最佳的稳定引力波源。

不过,你一定会困惑:“星星的亮度还会变化?”历史上,有很多著名的物理学家也曾有过这样的疑惑。下面,就让我们来细细聆听他们的故事。

不可思议的星星:变星

在古希腊哲学家亚里士多德的眼里,星空都是永恒不变的,恒星的名字也由此而来。比如太阳,它总是以一定的亮度照耀着我们。

不过,1596年,德国天文学家法布里奇乌斯在观测木星时,发现鲸鱼座的一颗星星由亮变暗,几个月后,这颗星星竟然消失了! 可是,令他感到不可思议的是,几年之后,他又观测到了这颗星星!

另外一位波兰天文学家赫维留也对这颗星星进行了观测,他测量出这颗星星由亮变暗再由暗变亮的周期大约是11个月,也就是这颗变星的周期。因为在天空中没有任何一颗已知的星星像它一样,于是他将这颗星命名为米拉(Mira),意思是“不可思议的星星”。

米拉在高速运动的过程中,不断脱落大量的表层物质,在身后留下了一条长达13光年的“尾巴”。

引力波小子观星会

数十亿年前，米拉也曾是一颗与目前的太阳非常相似的恒星。不过，随着时间的推移，它开始不断地膨胀，并发展为一颗红巨星。据推算，它和我们的太阳一样，最终会演化为一颗白矮星。

随着望远镜技术的发展，我们观测到越来越多的恒星，同时也发现了很多很多的变星。

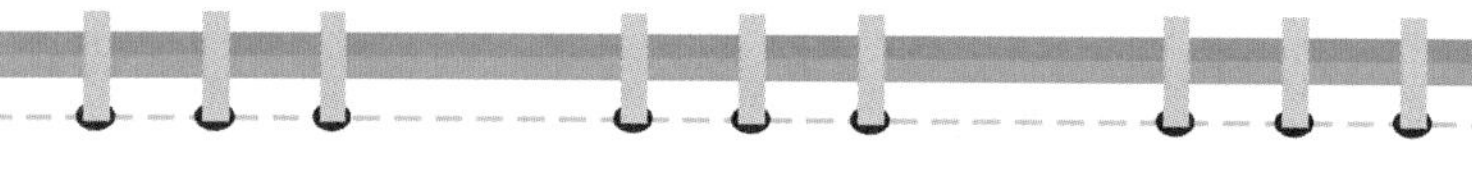

科学家笔记

截至2003年，银河系中的变星已确认接近40000颗，河外星系中也观测到10000颗左右。

这些变星大致可分成两类：

一类是视觉变星，这类变星只是由于观测视角而导致亮度的变化，恒星本身的亮度并没有变化。比如两颗互相绕行的恒星，有时一颗星就会遮住另一颗星，我们观测到这两颗星的总亮度就会变弱。

“金星凌日”：金星直接从太阳的前方掠过，成为太阳表面的可见暗斑。

另一类是物理变星，这类恒星亮度真的是在不停变化的，并且从任何角度都能观测出这种变化。例如米拉，因为其体积周期性的膨胀收缩，星体的表面温度就会随之发生变化，亮度也就会发生周期性的变化。

引力波小子观星会

将北斗七星前端的天璇和天枢两星连成一条直线，再延长5倍的距离，便会找到一颗明亮的二等星，它就是北极星。这是寻找北极星的最简便的方法。而我们熟悉的北极星其实是一颗和米拉一样的变星，光变周期约为4天。

寻找北极星。

易于观测的引力波源：激变变星

在变星中，有一类亮度变化特别剧烈，比太阳黑子爆发激烈上万倍，我们将其称为激变变星。它们大多是双星系统，包含一颗白矮星，这两颗星非常靠近，以至白矮星的引力可以作用到其伴星上，将伴星的外层物质吸至自身表面，形成类似于土星、木星外围光环的吸积盘。这样，盘内物质不断落入白矮星表面，随着物质堆积得越来越多，这颗白矮星的温度、压强均不断升高。

土星因为它美丽的行星环而出名。

当白矮星的温度和压强大到一定程度时，将不可避免地发生爆炸，从而发出耀眼的光芒。此时的夜空，会突然出现一颗很亮很亮的星星，古代中国人称之为客星，像是突然去某个“星宿宫”做客的客人。这就是我们今天常说的“新星”——西方人以为这是刚刚诞生的恒星，所以取名为新星。

爆炸将星体表面物质吹散，吸积盘的温度和压强变小，这对双星会暂时稳定下来。然后，白矮星重新吸附物质，经历长时间的积累，直至跨过某个临界条件，再次爆炸。周而复始，我们观测到的亮度也就不断变化。

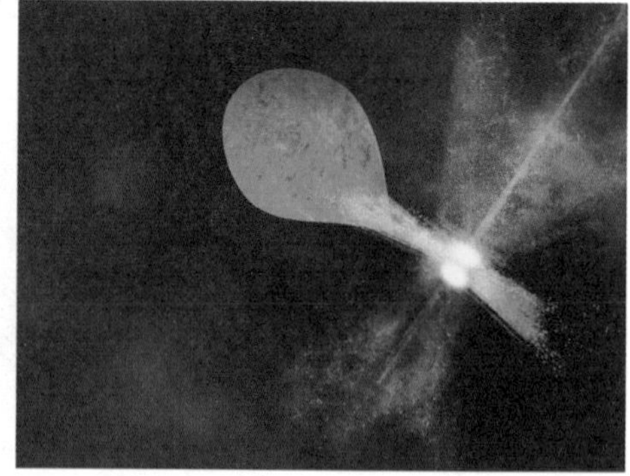

艺术家笔下的激变变星系统。

引力波存在报告

报告人:约翰·福柯纳教授

我认为,激变变星是非常稳定、且易于观测的引力波源。

在此类白矮星吸积的系统中,随着从较大质量的恒星向较小质量的恒星的转移,两颗恒星的距离逐渐被拉近,结果导致吸积速率越来越大。等到两颗恒星的质量通过吸积达到差不多相等的状态后,吸积过程就变成了较小质量恒星向新的大质量恒星的质量转移,这将导致系统的轨道扩张,两颗恒星的距离拉开。在这种情形下,吸积的速率本该逐渐降低,但通过观测,发现吸积的速率保持基本恒定。

我认为,随着轨道运动,激变变星系统发出引力波,它会带走一部分能量,使两颗恒星的距离保持接近的趋势,从而抵消掉一部分轨道扩张的效应,使得吸积速率基本保持恒定。

小链接

1930年,在一艘印度开往英国的海轮上,20岁的钱德拉塞卡正在苦苦思索。钱德拉塞卡是个羞涩的印度男孩,他因成绩优异获得政府奖学金,只身乘船前往英国剑桥求学。在长达十几天的漫长航行中,他奇迹般地计算出一个结果——白矮星的质量是有上限的,大约为太阳质量的1.44倍!这个白矮星的质量上限就被称为钱德拉塞卡极限。

如果白矮星吸积的过程持续的时间足够长,它的质量将会达到质量上限,产生一次极其剧烈、不可逆转的爆炸,将整颗白矮星点燃,我们称为“超新星爆发”。这会将白矮星摧毁。

在一个星系中,平均1个世纪才会发生一次这样的超新星爆发。(想了解另外一种类型的超新星爆发,请“穿越”到下一节)

最佳的稳定引力波源:双白矮星

科学家已经发现数百颗激变变星。一般激变变星的光度变化周期都在80分钟到10小时之间,但20世纪60年代,人们在观测一颗名为"猎犬座AM"的白矮星时,发现它的亮度会有18分钟的周期变化,并伴随着闪烁。不同于其他激变变星由一颗白矮星和密度较低的恒星组成,"猎犬座AM"是两颗白矮星,它们距离更近,速度更小,周期更短,被我们归类为最极端的一类激变变星,也是最佳的稳定引力波源。

随后人们又陆续发现更多的双白矮星系统,其中周期最短的是1999年通过钱德拉塞卡X射线太空望远镜发现的双白矮星RX J0806.3+1527(HM Cancri),它们5.4分钟就会绕彼此旋转一圈!这对双白矮星距离地球1600光年,比距离地球2000光年的"猎犬座AM"还要近,其引力波也更容易被激光干涉空间天线探测器(简称空间激光干涉仪)探测到,是我国引力波探测计划——"天琴计划"中重点观测的引力波源。(想了解空间激光干涉仪,请"穿越"到第138页)

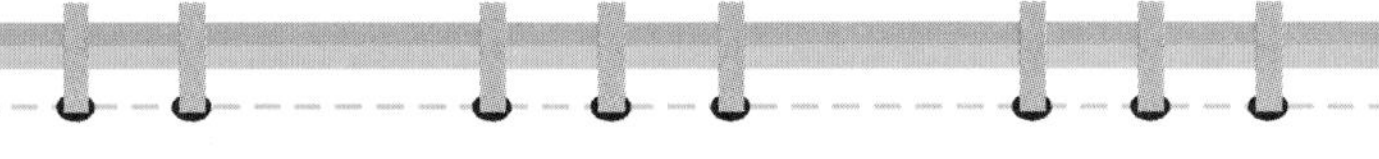

双白矮星RX J0806.3+1527档案

距离地球:1600光年。

两星间的距离:大约8万千米,相当于地球至月球距离的四分之一。

质量:均接近太阳质量的一半。

相对绕行速度:高达500千米/秒,是地球绕行太阳公转速度的17倍!

运行周期:5.4分钟。

双白矮星RX J0806.3+1527。

发现历史：随着两颗星之间的质量传递，一颗白矮星释放的X射线流，撞在另一颗白矮星赤道的位置，释放出强烈的X射线，从而被太空望远镜观测到。

其他资料：它们不仅是已经发现的运行最快的双星系统，而且可能是已知的最明亮的引力波源之一。

预测：它们越来越近，轨道运转周期每年大约缩短1.2毫秒，当它们绕轨道运行一周的时间降为3分钟时，这对白矮星就会牵引靠近，一颗开始抽取另一颗的大量气体。最后，它们会发生合并！

双白矮星RX J0806.3 + 1527的合并模拟。

⑤ 引力波旅行第三站——中子星

引力波小子开启一台超级电脑，为旅行团的成员播放一段爆炸视频，巨大的冲击波似乎要从屏幕中喷涌而出。一时间，大家不禁往后倒退了几步……

星体在深夜爆炸

宇宙编年史报

观测事件：大质量恒星的死亡

地点：银河系

时间：很遗憾，没有具体时间，我猜我们的记录员肯定是去打盹了！不过位于太阳系的地球人在1054年7月4日有观测到！

《宋史·天文志》中记载："至和元年（1054年）五月己丑，出天关东南可数寸，岁余稍没。"

事件始末：超新星的爆发！

一颗大质量恒星的星体内已经没有可供燃烧的物质，走向了生命的最后时刻；恒星的中心核开始了其一生中最后灾难性的坍塌。

几毫秒之内，恒星的中心核一下坍缩成直径只有20千米左右的中子星。不过它并没有继续坍缩，否则就会变成黑洞了！

大爆炸开始了！此后的几个星期里，这颗走向死亡的恒星所发出的光亮甚至远高于整个银河系所发出的光亮！这场精彩的"演出"将会持续23天，最亮的时候即使白天也能看见！据估计，正式谢幕要一年多，相信地球人有充分的时间可以观看。

让我们采访一下当时的地球人，看他们对这颗突然出现在天空中的星星抱有怎样的态度。

实际上，这是一颗星星死亡的瞬间。那这颗超新星的命运最终如何呢？

现在，我们出发，去看看超新星爆发的“残骸”吧！

引力波存在报告

超新星爆发所产生的引力波易于观测，对我们来说是比较好的引力波源之一。

不过在银河系中，平均每100年才会出现三次超新星爆发！所以，我们现在只有焦虑地等待了……

在遥远的河外星系中，每年可观测到数百颗超新星。但这些星星太遥远了，我们大多是观察拍摄的“底片”时才发现的。所以很遗憾，当前的探测器还没有能力探测到河外星系的超新星爆发所产生的引力波。

发出求救信号的外星人

宇宙飞船一路飞驰前往超新星的爆发地，那儿距地球6500光年。

旅行团的成员聚集在宇宙飞船上巨大的射电望远镜旁,好奇地看着射电望远镜收到的信号。这是一个又一个的脉冲!

滴——滴——

每隔33毫秒,就有一个脉冲传来,时间精准,就像人们常用的无线电报一样。

“难道这是外星人发来的信号?难道他遇到了什么危险?”有些旅客开始猜想这些信号代表的含义。

引力波小子笑而不语,他将望远镜转向另一个天区,输入精准的坐标,调试好。突然,滴——滴——

脉冲信号又响了起来!难道遥远太空中不同的星球外星人都会使用几乎相同的无线电呼叫模式吗?这不太可能,旅行团成员立刻否定了有关外星人的想法。到底是谁发的信号呢?大家陷入更大的疑惑中。

“发出脉冲,而且信号间隔这么稳定……”一名旅客带着不确定的语气说,“它是不是一种特殊的天体?”他的灵感来自我们的地球。

小链接

事实上,我们的地球也会向外界持续不断地发出微弱的无线电信号,这是因为地磁两极与地球的自转轴存在一个交角,也就是由中国宋代科学家沈括提出的地磁偏角。随着自转,地球作为一个交变的磁场,自然而然会持续地发出无线电波,且因为能量主要集中于连接地磁两极的磁轴上,所以形成锥形扫射。

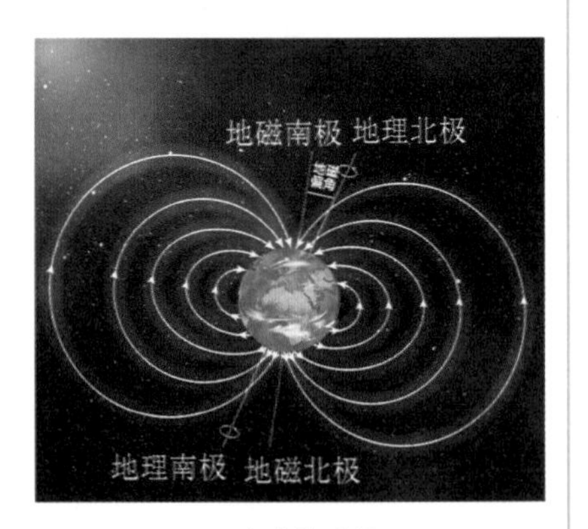

地球的磁场。

地球磁场扫射一圈所用的时间就是地球的自转周期,约为1天。如果恰好有一群外星人处于地球磁场的扫射锥面上,他们就会周期性地收到地球发出的无线电脉冲。

不过,地球发出的无线电波实在太弱了,也许这根本没法被外星人接收到吧!

"是的，它就是人们所说的脉冲星！"引力波小子下了定论。

脉冲星？这是一种天体吗？

这颗星的脉冲周期只有33毫秒，也就是它的自转周期只有短短的33毫秒！天体能转得这么快吗？

假设脉冲星是天体，在什么样的情况下一颗天体能以这么大的速度旋转？

大家都陷入了沉思。

脉冲星就是中子星

大家想到当年科学家发现原子核内的中子后，著名物理学家朗道于1933年提出的预测：

中子星存在报告

报告人：朗道

我认为，必将存在一种完全由中子组成的星体——中子星。

假设白矮星的质量继续增大，星球内部由自身重力带来的压力越来越大，电子将会向原子核坍缩，与原子核中的质子结合为中子，成为更加黯淡且更加致密的天体，这就是中子星。中子星完全由中子组成，只有很少的电子和质子，密度与原子核相当，可被直接认为是一个巨型原子核。

这是大质量恒星演化到超新星爆发后，其核心坍缩的结果。

专家点评：臆想成分太多！这是学术还是科幻？

那么，脉冲星会是这种奇怪的中子星吗？

引力波小子将望远镜转向金牛座天关星的东北面，蟹状星云就在那儿，它看起来，就像一只巨大的螃蟹。

这只“螃蟹”还在太空中不断地生长！它每秒大约生长1500千米，在你说一句话的时间，它就长了地球半径那么大！根据它成长的速度反推回去，它开始出现的时间至少在900年以前。

900年前，那不正是宋朝？这个位置和时间，恰好与我国《宋史·天文志》的记载吻合。这就意味着，蟹状星云可能是当年超新星爆发的“残骸”！

蟹状星云（超新星SN 1054的残骸）。

接下来的观察更加令人振奋，蟹状星云中心隐藏有一颗暗星，就是它，发出了刚刚我们收的脉冲信号！

原来，超新星爆发后真的留下了一颗星星，就是朗道预言的中子星，也就是我们观察到的脉冲星。脉冲星就是中子星！

中子星很小，半径10千米到20千米，就像地球上的一座小城市那么大。你也许以为它太小，没什么威胁性，但是只要靠近它，你会发现——

它重得让人难以置信，具有无比巨大的引力！如果宇宙飞船在中子星上着陆，可以从它上面取一汤匙的物质，其质量就将超过10亿吨，这几乎比地球上所有人类体重的总和都要重！比起来，白矮星简直弱爆了！

下面，开足马力，开始我们的中子星之旅吧！

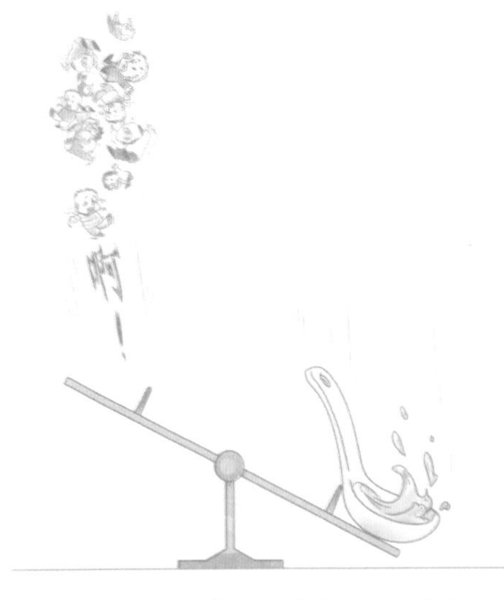

一汤匙中子星的物质几乎比地球上所有人类体重的总和都要重。

小链接

1967年10月，剑桥大学卡文迪许实验室休伊什教授的研究生——24岁的贝尔在检测射电望远镜收到的信号时，无意中发现了一些有规律的脉冲信号，它们的周期十分稳定，为1.337秒。起初，她以为这是外星人"小绿人"发来的信号，但在接下来不到半年的时间里，又陆陆续续在其他方位发现了数个这样的脉冲信号。

人们确认这是一类新的天体，并把它命名为"脉冲星"。这是20世纪60年代天文学"四大发现"之一。休伊什教授本人也因脉冲星的发现而荣获1974年的诺贝尔物理学奖，令人遗憾的是，脉冲星的直接发现者——贝尔小姐却不在获奖人员之列。

中子星释疑广场

1. 你一定很疑惑，为什么体积小密度大的天体会飞快旋转？

让我们想象一下溜冰场中的情景，在旋转过程中，随着滑冰运动员将双臂收拢，她的旋转会骤然加快。

根据角动量守恒定律，在旋转过程中，减小旋转半径，转速就会增大。

如果把这颗脉冲星想象成滑冰运动员，当它由原来的恒星坍缩为半径很小的星星后，自转速度就会非常大。电磁波从磁极的位置发射出来，之后远在几千光年外的我们就收到了脉冲信号！

滑冰运动员将双臂收拢，她的旋转速度会骤然加大。

2. 你一定很疑惑,为什么我们会接收到的脉冲信号是间断的?

这就像我们乘坐轮船在海里航行,看到过的灯塔一样。设想一座灯塔总是亮着且在不停地有规律地转动,灯塔每转一圈,由它窗口射出的灯光就射到我们的船上一次。在我们看来,灯塔的光就连续地一明一灭。脉冲星也是一样,当它自转一周,我们就接收到一次它辐射的电磁波,它有规律地不停旋转,于是就接收到间断的脉冲信号。

中子星的灯塔模型。

3. 你一定很疑惑,中子星都是脉冲星吗?

脉冲星是高速自转的中子星,但并不是所有的中子星都是脉冲星。因为当中子星的辐射束不扫过地球时,我们就接收不到脉冲信号,此时中子星就不表现为脉冲星了。一些天文学家估计,100颗中子星中大约只有1颗脉冲星。

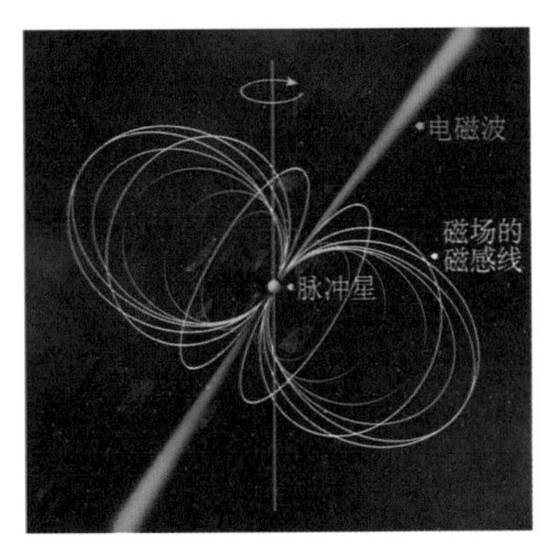

脉冲星。

除脉冲星外,还有一种磁场特别强大的中子星,叫作磁星。它就像一块巨大的磁石!

⑥ 旋转的太空实验室——脉冲双星

今天我要带大家去看一下脉冲星中的诺贝尔明星，这是一对双星哦，正是通过这对双星，科学家验证了引力波的存在。而随着探测技术的进步，这类星星也成为可能被观测到的引力波源。下面是发现这对双星的科学家的日记。

发现脉冲双星

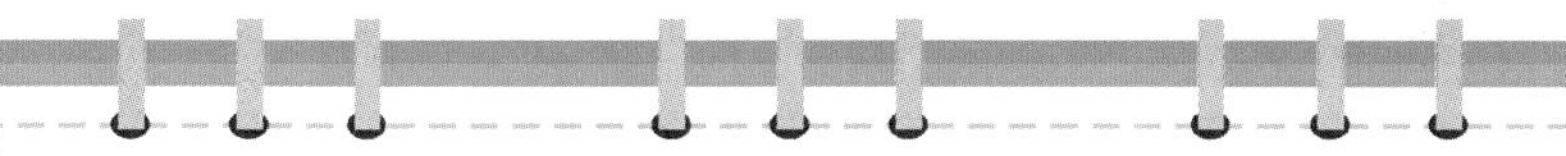

来自赫尔斯的日记1

1974年夏天，加勒比海波多黎各岛。

群山之中，一口巨大的“铝锅”嵌在灰岩坑内，看起来神秘莫测。这正是世界上口径最大的射电望远镜——阿雷西博射电望远镜。

夜幕降临，这正是我工作的好时候。天空中繁星点点，我站在实验室里，用专门的仪器搜寻脉冲星这一特殊的天体。现在，距脉冲星第一次被发现已过去了七年，在这七年中，人们发现了100颗脉冲星。

突然间，仪器记录到一个很微弱的信号：滴——滴——信号间隔非常短，仅有0.059秒，也就是59微秒，却很有规律。我一阵兴奋，又是一颗脉冲星！最近我已经观测到近40颗脉冲星了！

接下来，我对该脉冲星做了一系列例行观测，却发现它很奇怪。大多数脉冲星都是超级精确的时钟，“打拍子”的间隔精确到小数点后6或7位，周期（旋转一周的时间）的变化让人几乎察觉不到；但这一颗脉冲星的周期飘忽不定，仅仅两天，变化量竟多达30微秒！这对脉冲星来说是极大的“误差”了。

这是为什么呢？究竟什么地方出了错？是采样时间太长，还是分析方法不当？天快亮了，我先去补个觉，等晚上再把这颗脉冲星准确的周期测量出来。

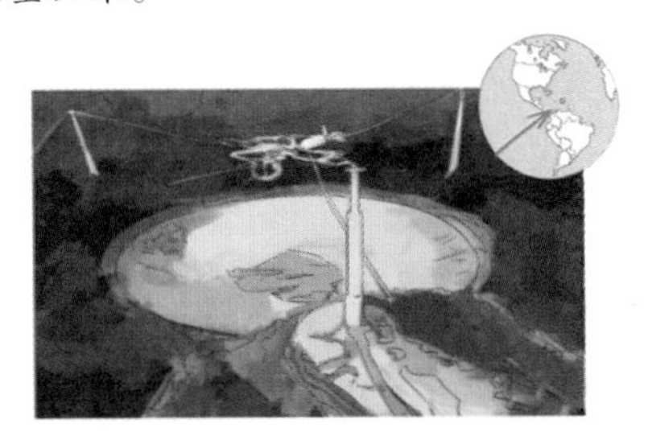

阿雷西博天文台位于波多黎各的山谷中，曾经拥有世界上最大的单面口径射电望远镜，直径达350米，通过接收宇宙中的电磁波信号来获取并分析各种信息。2016年，这个世界纪录被中国打破，中国在贵州建造了直径500米的射电望远镜。

来自赫尔斯的日记2

两天后。

我一遍又一遍地翻阅观测到的数据，终于查出了一些蛛丝马迹，周期的变化似乎存在着一些规律。我把连续两天观测到的周期变化的曲线放在一起，发现如果移动45′的话，两条曲线就可以很好地重合。

“这颗星的周期也在周期性变化！”我灵光一现，“应该是有一颗伴星，它们一起做轨道运动，而伴星的轨道运动扰动了它的周期！”

这肯定是一个联星系统！

我把这一惊人的发现告诉导师泰勒教授，看看他怎么看。

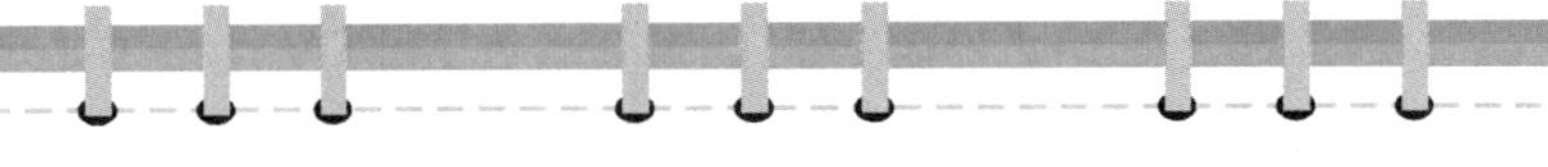

来自赫尔斯的日记3

泰勒教授乘飞机赶了过来。我们一起对这两颗星星进行了推算，结果如下：

轨道：这颗脉冲星和它的伴星围绕它们共同的质心沿着偏心率很大的椭圆轨道互相旋转。

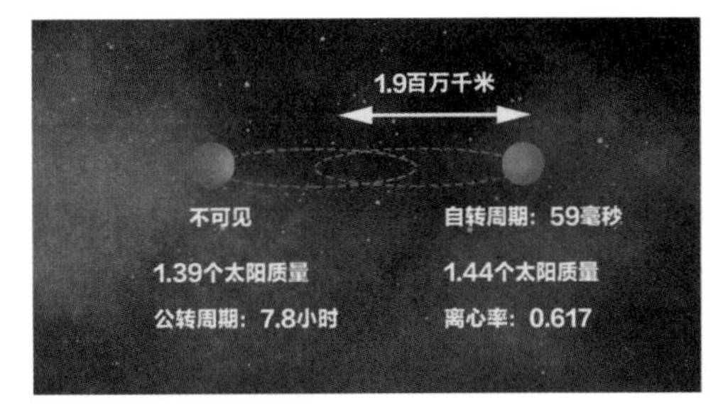

脉冲双星系统。

公转周期：7.75小时。

质量：这个双星系统的成员质量相近，每个大约为1.4个太阳质量。

体积：很小，直径约为10千米，和一个小城市差不多。

两星之间的距离：最近大约为1.1个太阳半径，最远大约为4.8个太阳半径。

我们依据数据推断出，这颗脉冲星和它的伴星都是中子星。

旋转的太空实验室

赫尔斯发现的这两颗星每颗都大约为1.4个太阳质量（太阳质量是地球的33万倍），但体积却很小，直径只有10千米，和地球上一个小城市差不多。

它们形成的引力场极强，引力大得惊人，如果你在地球表面所受的引力是400牛顿，到了这颗星的表面将是40万亿牛顿！

两星绕转，引力场在不断变化。此时距爱因斯坦预言空间中引力场及引力波的存在,已经过去了40多年,大家对引力波是否存在仍是半信半疑。

泰勒和赫尔斯立刻意识到,这是一个验证引力波的绝佳机会——两颗中子星没有物质交流,却彼此靠得很近,并因强大的引力作用而相互绕转,那么它们就应该发出颇为可观的引力波,同时损失一定的能量,这样,该双星系统的轨道半径就会缩小,从而将双星间的距离拉近,轨道周期变短。观测该系统的轨道周期随时间的变化,就有望对爱因斯坦预言的引力波做定量检验了!

小链接

这对脉冲双星系统的公转周期每年减少76.5微秒,其半长轴每年缩短3.5米。根据现在两星之间的距离,从现在开始计算,两星旋近至合并需3亿年的时间!

这一过程可归纳为双中子星绕转→产生引力波→能量损失→轨道收缩。

让人惊喜的是,双星环绕的轨道周期很短,绕一圈不到8小时,简直是天赐的太空实验室!

十几年上千次的观测后,他们测得轨道周期的变化率和爱因斯坦广义相对论中的理论预测值相差无几!这些无可争辩的观测事实验证了广义相对论,也印证了引力波的存在。

整个天文学界沸腾了。他们因此获得了1993年的诺贝尔物理学奖,这是第二次有人因脉冲星而获得诺贝尔奖了。

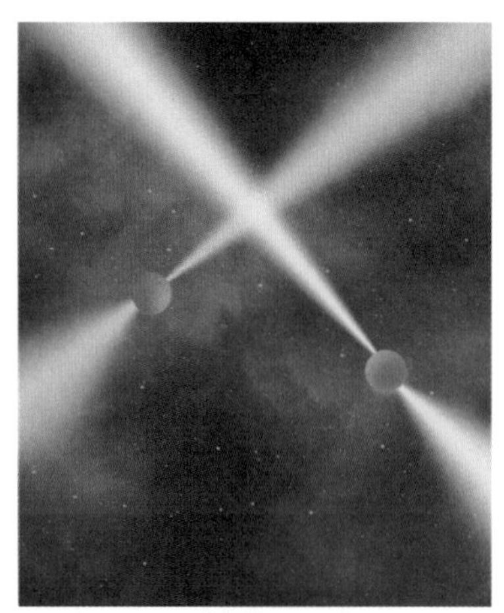
艺术家笔下的PSR J0737-3039系统。

唯一遗憾的是,这个系统中的其中一颗并不是脉冲星,对我们是隐身的,我们只能观测其中的脉冲星的性质,从而推断另外一颗星的性质。

经过不懈的努力,天文学家在2003年发现了一个双脉冲星系统(PSR J0737-3039),这个系统中,两颗星都是脉冲星!

这也是目前发现的唯一的双脉冲星系统,我们在地球上都能收到这两颗中子星发出的脉冲,科学家因此能够精确观察这个系统中的两个天体。

与1974年发现的脉冲双星相比，这一双脉冲星系统的轨道周期更短，只有2.4小时，引力辐射更强，是一个更理想的引力波实验室。

经过两年的观测，天文学家宣布该系统的观测结果和广义相对论完美符合，特别是预测因为产生引力波而造成能量损失的理论。两颗脉冲星的共同轨道每日收缩7毫米，预测将在8500万年后合并。

两星合并，这又是一个猛烈的过程，会给我们带来极其强大的引力波，到时候科技发展，肯定可以检测得到——当然，前提是我们人类能活到8500万年后啦！

引力波存在报告

对于一颗独立自转的中子星（脉冲星）而言，要成为引力波源，其质量分布必须存在不对称性。只有这样，引力波才会发生变化。不过，这个需要一定的观测数据才能确定。

而双中子星，尤其是双脉冲星会是较好的引力波源之一。不过双中子星在宇宙中的数量相对稀少，于是科学家又将希望寄予中子星—白矮星组成的双星系统。

中子星释疑广场升级版

1. 中子星有没有质量上限？

和白矮星一样，中子星也有一个质量上限，当它的质量超过太阳质量的3倍时，会在自身引力的作用下崩溃，从而坍缩为一个黑洞。

2. 中子星是由中子构成的星星，而中子由夸克组成，宇宙这么大，会不会存在完全由夸克组成的星星呢？

有些科学家认为存在这种星星，他们把这类星星称为奇异星。

旅行的最后目的地——黑洞

看完了中子星，你一定迫不及待想看超新星爆发后，坍缩成的另外一种星体——黑洞了吧！现在，我们要到达旅行的最后目的地——黑洞！不过走进黑洞就等于自掘坟墓——如果你想亲自试一试的话……

旅程推荐

黑洞之旅

想不想“跳进”这个充满神秘味道的黑洞？

这不是一个普通的洞，这是宇宙中最特殊的地方。它有着让人无法抗拒的引力！一旦被吸进去，你就能享受一次快速的分裂！你的身体会先被拉成长条，再被撕成碎片，然后永远消失……

不可错过的黑洞观光景点：

1. 吸积盘：黑洞从正常的恒星上吸积气体，在黑洞周围产生吸积盘。

2. 喷流：某些时候黑洞吸积气体的量过多，会沿着黑洞的转轴方向将多余的气体抛射出去，从而产生非常壮观的喷流。

3. 引力透镜：背景光源发出的光在黑洞附近经过时，光会像通过透镜一样发生弯曲。

吸积盘。

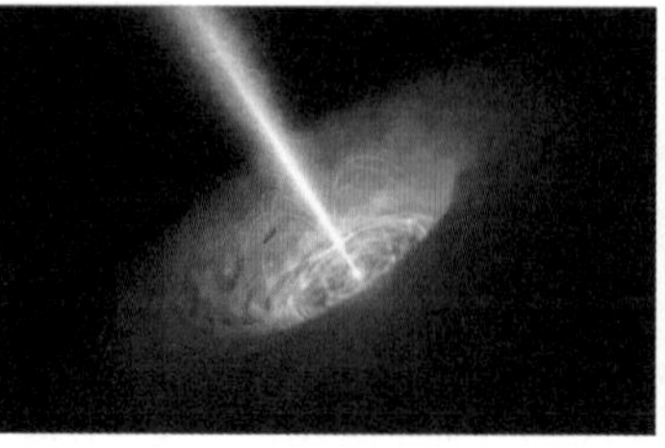

喷流。

引力透镜。

黑洞到底是什么

你一定很想知道，这个奇异的黑洞到底长什么样子。它其实并不是一个洞，而是一个奇怪的点，一个密度无限大、时空曲率无限高、体积无限小的点，比针尖还要小得多，我们把它称为奇点。

不过你别因此小瞧了它，虽然它非常小，但势力范围可不小，只要一进入它管控的疆域，任何物质都会被它拉进去——连光也不例外。

速度最大的光都逃不掉？大家是不是觉得很奇怪？

制订星球逃离计划

目的：逃离地球

尝试者：万户

14世纪末，中国有一位官吏，在椅子背后装上47枚当时能制造的最大火箭，然后把自己绑在椅子上，两手各拿一只大风筝。他叫仆人同时点燃47枚火箭，想借火箭向上推进的力量飞向天空，并借助风筝保持平衡。他的目标是月球。

万户的努力虽然失败了，但他首创了借助火箭推力升空的创想，被世界公认为“真正的航天始祖”。为了纪念他，科学家将月球上的一座环形火山命名为“万户山”。

轰的一声巨响，浓烟滚滚，烈焰翻腾。

——结果大家都猜到了，人们在另一个山头找到了他的遗体。

现在我们知道,47枚当时的火箭能提供的推力根本不足以让人飞上天。只有当速度足够大,物体不再被地球的引力场束缚时,才能逃离地球。我们把使物体刚好逃脱星球的引力场,不会再掉到地面上的这一速度叫作逃逸速度。

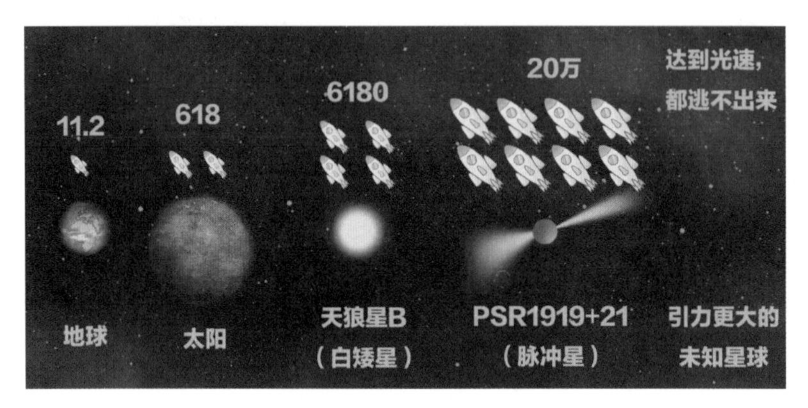

逃离星球需要的速度(单位:千米/秒)。

不同星球的逃逸速度不同。从地球到太阳,再到白矮星、脉冲星,星球表面的引力越来越大,所需要的逃逸速度也越来越大。我们知道,最大的速度就是光速,那么有没有可能天体的逃逸速度达到光速?也就意味着,天体引力如此之大,连光都被束缚住了!

有没有这样的天体呢?

实际上,18世纪中叶,就有人开始讨论这个问题了。英国有一位地理学家,名叫约翰·米歇尔,他想,如果逃逸速度能达到光速,那么这样的物体会有多大,密度会有多少?

他在写给友人的一封信中提出,一个和太阳等质量的天体,如果将其半径压缩至3千米,那么这个天体是不可见的,因为光无法逃离天体表面。米歇尔大致推测了这种天体的样貌,他觉得会是黑的,并将其称为“暗星”。这是关于黑洞最早的预言。

但这听起来似乎只是理想中的情景,根本不可能会存在于现实之中,太阳的半径怎么可能被压缩至3千米,这样的天体怎么可能会存在?问题停留在此,没有人再进行深入的思考。

直到1915年,爱因斯坦提出了广义相对论。在爱因斯坦发表广义相对论一个月后,还在第一次世界大战战场上的德国天文学家史瓦西即求得爱因斯坦引力场方程的一个精确解,那就是黑洞。再一次,黑洞在理论上被认为是可能存在的!

黑洞报告

报告人:史瓦西

如果将某个天体全部质量都压缩到很小的“引力半径”范围之内,根据爱因斯坦的理论,所有物质、能量,包括光都会被囚禁在内,这些物质,都将塌陷于中心部分。从外界看,这天体就是绝对黑暗的存在,也就是“黑洞”。

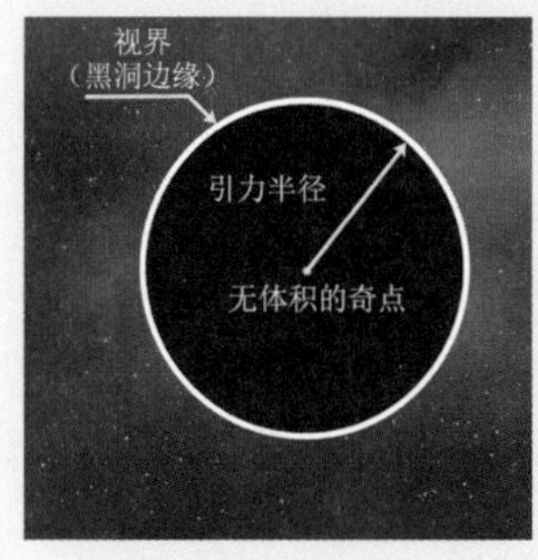

黑洞的引力半径。

在这个引力半径内,连最快的光也不可能从这个天体逃离,任何东西只要被它抓住就再也逃不出去了。所以说,黑洞是一个终极监牢。

黑洞的边缘称作“视界”,就如瀑布的边缘。如果你在边缘的上游,又以足够的速度划行,你就可以逃开,但一旦你越过这个边界,就肯定无处可逃!

黑洞实验——制造一个黑洞

为了制造黑洞,你必须把非常大量的物质挤压到非常小的空间里。这可不是一件容易的事,想想你怎么把一头大象塞进一个火柴盒里!黑洞可比火柴盒小得多!

制造黑洞的一个方法就是超新星爆发。当爆发后剩下的核心超过3个太阳质量时,它会在自身引力的作用下坍缩成为黑洞,这是恒星终结的命运之一。

而更大的黑洞是在星系团或者星系的中心形成的。黑洞和其他物体之间的碰撞会让黑洞越长越大。这种黑洞的质量都在太阳质量的几十万倍以上。

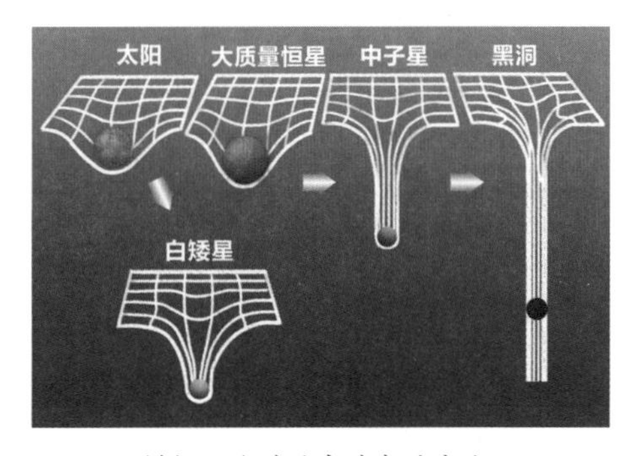

模拟天体对时空造成的弯曲。

出发！寻找穿着隐身衣的黑洞

黑洞不仅不发光，还会将光吸收掉，所有的射电望远镜、X射线望远镜，都无法发挥作用。它就像穿着隐身衣一样，究竟该怎么寻找呢？

科学家利用黑洞“犯案”留下的蛛丝马迹来寻找。

寻找黑洞“犯案”的证据

1. 在黑洞“伸出黑手”去捕捉和吞食其他星星时，这些物质会发出X射线“求救”！这些X射线是骤然引起的高温引发的，被称为“物质死亡时的呼喊”，是我们寻找黑洞的指路灯。

2. 黑洞引力超大！如果你看到恒星围绕着我们看不见的某种东西转动，这个东西多半是个黑洞。

3. 大质量恒星在成为黑洞时，或两颗黑洞合并时会发出引力波。通过引力波，我们也可以寻找黑洞。

下面就让我们去看一下吧！

黑洞候选者1——天鹅座X－1

引力波小子将宇宙飞船定位至距离我们6000光年的天鹅座。天鹅座X－1就位于天鹅座,从地球观测这里发出的X射线最强。

引力波小子请大家戴上特制的眼镜观看,大家看到一个明亮的圆盘,正在牵引一个白色的光球,场面极为震撼!

到底圆盘的中心是不是黑洞?旅行团的成员们说法不一,甚至有人还开始打起了赌。

其实,早就有人为这个打过赌了,下面就是英国宇宙学家霍金和美国天体物理学家索恩的赌局:

“如果天鹅座X－1是黑洞的话,那索恩就赢了,霍金就要给他订一年的《阁楼》杂志;反之,如果不是,霍金就赢了,那索恩就要为霍金订4年的《私家侦探》杂志。”

索恩和霍金打赌黑洞是否存在。

打赌的这一年,两人预测天鹅座X－1是黑洞的可能性在80%以上,现在则有95%的把握确认这一点。霍金输了。

不过这正是霍金想要的结果。他开心地

来自另一个星球的气团不断流入黑洞,骤然激起的高温喷射出X射线。图为艺术家对天鹅座X－1双星系统的构想图。

闯进索恩的办公室，在赌约上签字画押，还在上面印上大拇指印！

黑洞候选者2——星系中心的超大质量黑洞

为了更仔细地研究银河系，引力波小子带领旅行团向银河系的中心驶去。

那儿距离地球26000光年，科学家推测，那儿有一个质量为400万倍太阳质量的黑洞。

距离黑洞还有一段距离，尚未受到黑洞引力的影响。宇宙飞船慢慢悠悠，满天星斗掠过。大家挤在操控室内，观看屏幕上捕捉的画面，突然，大家兴奋了起来。

“四颗一模一样的星星！”

“星星似乎转得越来越快了！”

渐渐地，屏幕上显示出一个巨大的圆盘，边缘被聚焦成明亮的细环，两股灿烂的蓝色喷流正从圆盘的中心射出。

这就是银河系中心的黑洞了。大家都屏住了呼吸。

现在的科学家相信，几乎每个星系中心，都有一个几百万倍太阳质量的特大黑洞，这种黑洞是和天鹅座X－1完全不同类型的黑洞。天鹅座X－1的质量是20个太阳质量左右，属于恒星质量黑洞，一般形成于红巨星或超新星爆发时内部的引力坍缩之时；而位于星系中心的，则是超大质量黑洞，质量在10^5至10^{10}倍太阳质量范围，其形成机制至今还不是十分清楚。

双黑洞系统。

引力波存在报告

检测方式:利用引力波验证双黑洞。

双黑洞是由两颗绕着共同的重心旋转的黑洞组成的系统,具体分为两种,其中恒星双黑洞是高质量双星系统的残骸,至于超重双黑洞则被认为是星系合并形成的。

两个黑洞靠得越近,旋转得就越快,引力辐射就越强,能量损失得越快,进而就靠得更近,旋转得更快,直至碰撞结合,那一瞬间引发的引力辐射是最灿烂的。

旅行探险:有趣的黑洞实验

黑洞模拟实验

实验器材:一个计时精确的大钟表、一个机器人。

1. 机器人拿着大钟表,走向黑洞的边界。

2. 观察大钟表。当机器人朝着黑洞越走越近时,你会发现他走的动作越来越慢,钟表也越走越慢。这是因为在你看来,黑洞使时间变慢了。

令人奇怪的是,机器人却不觉得自己的动作越来越慢,而且它相信那个表依然很准时! 机器人的经历将与我们看到的完全不同,机器人会感觉自己被巨大的吸力吸引,落入黑洞里面。

这以后发生的事正如人们猜测的那样。但有些人认为,他可能进入了另外一个世界。

而霍金认为,这些落入黑洞的东西会变成能量和粒子,它们会以霍金辐射的方式慢慢地被黑洞吐出来。按这个说法,如果你非常非常仔细地检查从黑洞出来的东西，那你就能重构原来的东西，它们并不是永远消失，而是被丢失了非常非常长的时间。

落入黑洞到底会怎样呢？到现在为止，还没有人知道。所以，你可以保留自己的想法。

探索篇

充满新发现的乐土

Exploration

❶ 百年守望

引力波小子带着旅行团回到地球，地球人正在开展对引力波的研究……

1918年的科学家一致认为，引力波太玄乎了！不管是传递引力，还是空间曲率的变化，这些都看不见、摸不着，一切似乎全凭想象。

连爱因斯坦都举棋不定，他几次修改自己关于引力波的结论，在引力波存在与否的问题上徘徊。广义相对论的创始人都这样，别的科学家更是摸不着头脑。引力波究竟存不存在？科学家进行了近半个世纪的争论，下面是三种观点。

怀疑态度者的观点	中间派的观点	肯定态度者的观点
通过坐标变换，似乎可以消除引力波！所以，这只不过是爱因斯坦引力场方程在特殊的坐标系下产生的结果，类似于数学游戏，并不对应空间中任何真实存在的起伏。	引力波存在。 不，引力波不存在！ 不，引力波存在！ （编者语）话说你就不能坚定一点吗？	这是真实存在的波，如果一束波朝你袭来，它会对你产生影响，沿着一个方向拉伸你，并沿着垂直的方向挤压你。
引力波的传播速度和光速一样吗？ 我觉得它是以思想的速度传播的！（调侃的语气）		双星系统会辐射能量。

这些纷纷扰扰的争论终结于一个思想实验。坐好，思想实验（白日梦）又开始了！

"粘珠"思想实验报告

时间:1957年

报告人:费曼

我用下面的思想实验解释引力波的真实性:头脑中先设想一根很长的柱子,上面套有2颗珠子。如果引力波沿着垂直方向经过这根柱子,它将交替拉伸和压缩柱子,也会引起附在柱子表面的珠子的前后移动。珠子移动时会摩擦生热,有热量就表示有能量,这个能量的来源只可能是引力波,所以引力波必然携带能量。这意味着,引力波并不是数学幻象,必有其更深层次的物理对应。

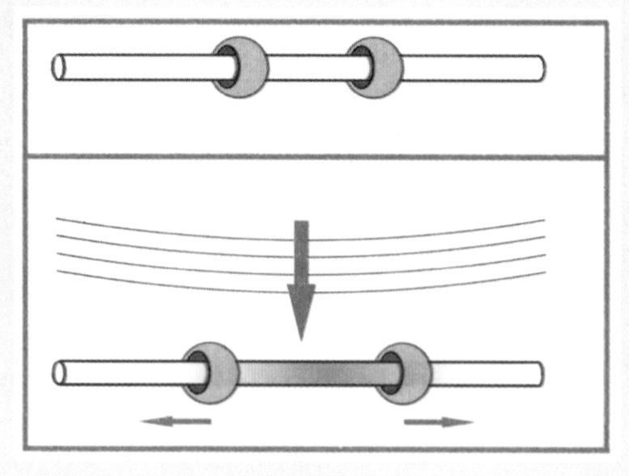

"粘珠"思想实验。

1957年的"粘珠"思想实验化解了人们对引力波真实性的质疑,引力波终于走下理论的"神坛",变成物理上实际的东西。

不过,这并不能打消所有怀疑引力波存在的人的疑虑——既然存在,那证明给我看啊! 可是这在当时真的是一个不可能完成的任务!

探测引力波,真的很难!

和电磁波相比,我们能接收到的引力波实在太弱了! 虽然听起来,它能够让我们一会变瘦,一会变胖,像照哈哈镜一样炫酷,但这个拉伸或者压缩的幅度实在太小了。强如我们第一次检测到的两个黑洞合并传过来的引力波，经过13亿年的扩散，能量已经被“稀释”到极小，就像水面上泛开的涟漪在远处渐渐消失一样。当它到达地球时，拉伸你的幅度大概也只有10^{-21}，这是个小数，在小数点后有20个零，接着才是一个1！

这是什么概念？最小的原子——氢原子的半径是10^{-10}米，它的原子核半径是10^{-15}米，你被拉伸或是压缩的长度比原子核还要小得多！这么小的变化，怎么可能感觉得到呢？

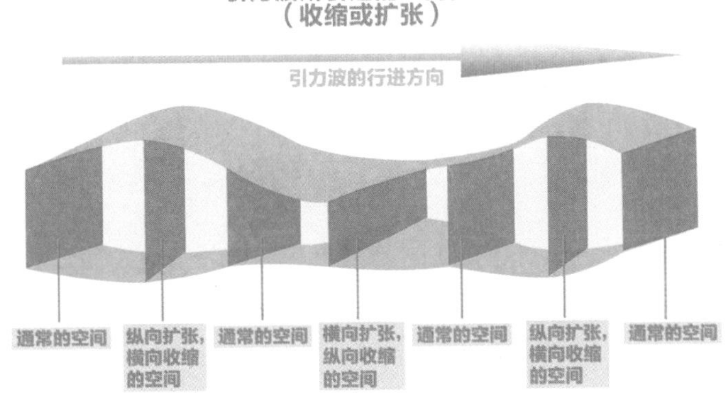

引力波以“波”的形式传播时空结构的变化。当引力波经过时，时空结构会发生变形（收缩或扩张），并按照“纵向扩张横向收缩”—“复原”—“横向扩张纵向收缩”—“复原”的顺序不断重复。

正面探测不到，那能不能从侧面入手，看看引力波是否与物质发生作用？

这又是异想天开。引力波超级“懒”，基本不与物质发生相互作用，我们不能像观察光一样靠反射或折射来观察它。对引力波来说，宇宙几乎是透明的，它在其间畅通无阻，可以穿越坚硬的岩石，也可以穿越宽阔的海洋，一点痕迹都不留下。

科学家是这样形容引力波的：即使往我们所知的宇宙里堆满番茄酱，把4000个这样的宇宙首尾相连，当一列引力波穿过之后，也只会损失1%的能量！

所以，爱因斯坦在预言引力波存在时就曾说：“这些数值是如此微小，它们不会对任何东西产生显著的作用，没人能够测量它们。”

不过这次，伟大的爱因斯坦错了。

引力波探测的先河

在“粘珠”思想实验提出后不久，就有人宣称探测到了引力波。这个人是美国物理学家韦伯，他是一位精瘦、刚毅而又活跃的老爷爷，跟爱因斯坦一样有一头又粗又硬的灰白头发。

他的探测“法宝”是一根长2米、直径1米、重约1吨的圆柱形铝棒。当引力波到来时，会交错挤压和拉伸铝棒两端，当引力波频率和铝棒设计频率一致时，铝棒会发生共振，贴在铝棒表面的晶片会产生电压信号。这种类型的探测器也被称为共振棒探测器。

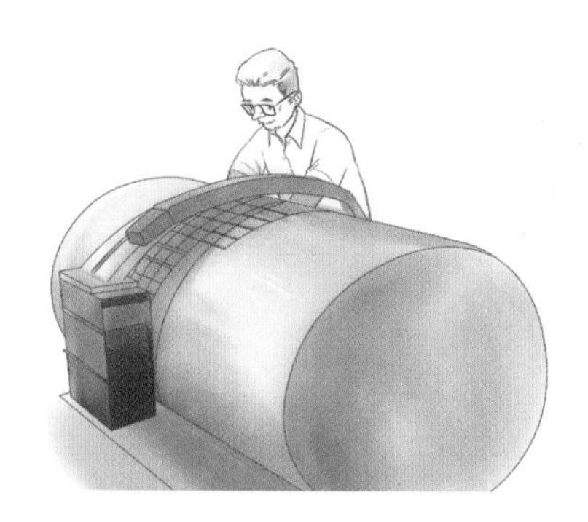

韦伯和他设计的共振棒探测器。

韦伯在1000千米外的另外一个地方也放置了一个相同的探测器，只有两个探测器同时检测到相同的信号时，信号才会被记录下来。1969年，韦伯测到了一个微小的电压信号，他大声宣布：“我测到了引力波！”

科学家们信以为真，纷纷搭建自己的共振棒探测器，重复他的实验，但是结果却令人大失所望，没有谁能重现这一结果。大家都认为韦伯一定是搞错了。不能被重复的实验是得不到大家认可的，之前的结果可能来自地面的噪声。

不过韦伯开创了引力波探测的先河，在他之后，很多物理学家复制韦伯的探测器，纷纷投身到引力波的探测实验中。

引力波探测历史

1916年6月 爱因斯坦预言引力波存在。

1969年6月 韦伯宣布探测到引力波。但人们重复他的实验,没有人能探测到。

1993年 脉冲双星检验了引力波的存在。科学家通过其轨道频率的演化,推断出这对双星正在丢失能量,而这个能量的丢失率和引力波所导致的一致。

2014年3月 科学家宣布发现原初引力波。之后,因为不能排除信号可能是来自宇宙尘埃颗粒的干扰,又宣布这次发现是错误的。

2016年2月 LIGO宣布探测到引力波。这次的信号来自两个黑洞的合并。

2016年6月 LIGO再次宣布探测到引力波。这次的信号还是来自两个黑洞的合并。

② 探测引力波的曙光

我们现在已经知道，引力波是时空之海的涟漪，它会往一个方向拉伸空间里的所有东西，再往其垂直的方向压缩——它将人拉长或是缩短，就像在照哈哈镜一样。

引力波对人的拉伸和挤压。

我们也知道，当引力波到达地球时，这种拉伸或压缩的幅度实在太小了。在地球上，你被拉伸或是压缩的幅度比原子核还要小得多！所以，你一定很疑惑，这么微弱的引力波，要如何测量呢？你可能会想到制作一把超级精确的尺子，用它来测出引力波到来时物体的伸缩变化。但是要测量引力波，我们需要在地球这么大的尺度上测出一个比原子核还要小十分之一的变化，这显然超出了一把尺子的能力范围。

而且，当引力波经过的时候，尺子本身都在拉长或缩短，根本不能用来测量。这下该怎么办呢？

有什么物体或物质不会被拉伸或压缩呢？

科学家想到了光。光这个"刻度尺"不会被拉长，也不会被缩短！

两点之间的距离被拉伸时，从一点跑到另外一点光需要较长的时间；反之，两点之间的距离被压缩，光需要较短的时间。

在目前最精确的测距技术中，以迈克尔逊干涉仪精度最高，而它正是用光来测定距离的！

戏剧性的是，这曾经是历史上最失败的实验器具。

史上最失败的实验

19世纪初期，人们开始意识到，光是以波的形式传播的。水波和声音，是我们最熟悉的两种波。水波以水为介质传播，声波也需要介质才能传播，于是人们开始猜想，光的传播是不是也需要一种介质？这种介质在科学家的想象里，被称为“以太”。

那么，怎么证明这种假想物质存在呢？

我们知道，地球大约以每秒30千米的速度绕太阳运转，如果地球周围是静止的以太，顺着地球运动的方向，就会迎面吹来每秒30千米的“以太风”。想不明白？想象一下自己站在高速行驶的船的船头。没错，就是那感觉！

美国物理学家迈克尔逊冒出了一个想法：“如果能检测到‘以太风’，不就能证明‘以太’的存在了嘛！”

于是，为了证明这一构想，他发明了一个仪器——干涉仪。这种装置有一面分光镜（又叫半透射镜），能使迎面射来的光束一半透过，另一半呈直角反射出去。再用两面镜子将这两束光反射到光源旁边的目镜中，这时候，有意思的事情发生了！

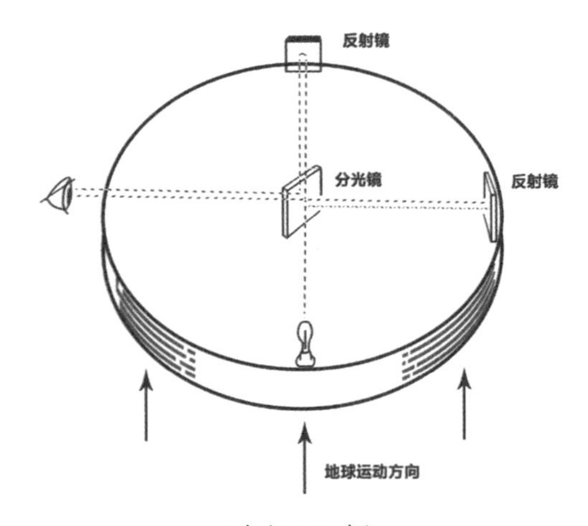

迈克尔逊干涉仪。

这两束光叠加在了一起。因为光是一种波,当两束光叠加时,就会产生干涉现象。

还记得干涉吗?

两束光,波峰和波峰(或波谷和波谷)对应,得到光的波峰(或波谷)分别加强,总光强更强;波峰和波谷错位相消,最后光会消失。

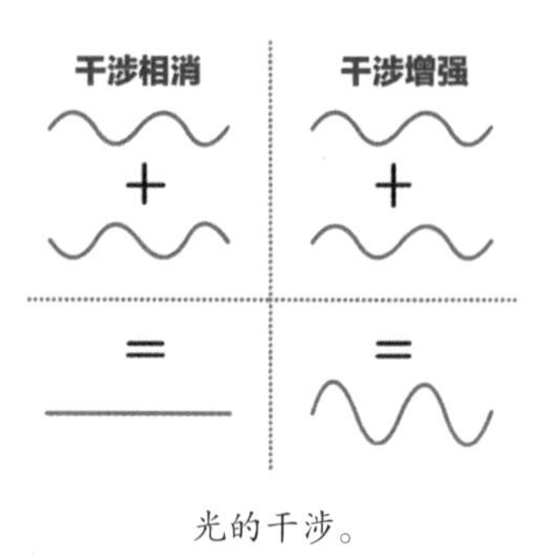

光的干涉。

结果就是,我们会看到明暗相间的干涉带。

干涉带。

1887年,在美国化学家莫雷的协助下,迈克尔逊改进了干涉仪,他让一束光沿着地球运转的方向"迎着以太风"传播,另一束光垂直于这个方向传播。两束光就像两名游泳运动员进行比赛一样:一个逆流而上再顺流而下,一个在静止的水中游一个来回。

按照设想,沿"以太风"传播的那束光将会运动地稍慢一些,如果把干涉仪转90°,再重新做一遍实验,结果就应该是:干涉带的条纹发生偏移。下面,只需要观察这个干涉带的变化就够了!

然而实验结果却让他们失望无比:无论他们把干涉仪转向什么方向,无论他们做多少次实验,干涉带都不会改变!"以太"似乎对穿越于其中的光毫无影响。

难道说,根本就没有"以太"?

这就是迈克尔逊—莫雷实验——本来是想证明"以太"存在的,但结果却恰恰证明了"以太"不存在,成了物理史上有名的"最失败的实验"。

干涉仪是当时也是目前测量长度的最精密的仪器。1907年,迈克尔逊因"发明精密光学仪器及应用这些仪器所进行的光谱学和计量学研究”获得诺贝尔物理学奖。他可是第一个获得这门学科诺贝尔奖的美国人！

引力波探测的曙光

1958年，科学家在实验室里激发出了一种自然界没有的光——激光。它的单色性极好，发散度极小，亮度（功率）可以达到很高。

小链接

激光。

激光并不神秘，它总是出现在我们的日常生活中，只是我们没留意而已。DVD播放器用的是640纳米的红色激光，蓝光光碟播放器用的是405纳米的蓝紫色激光。激光还可以用来治疗近视，读取商品条码……

有一天，在美国麻省理工学院开设光学相关课程的教授莱纳·魏斯心血来潮，提出用激光干涉的方法测量引力波的问题，并且把这个问题作为课堂作业抛给了他的学生。

这群学生开始了天马行空的想象。

论用激光干涉测量引力波的可行性

让激光从光源发出，经过分束器（分光镜），在干涉臂中游走。调整干涉臂的长度，利用光的干涉原理，使两臂中的光正好抵消。然而，如果有引力波穿过探测器，会使两臂的空间出现极其微小的拉长与缩短：一个臂伸长，其垂直的方向（另一个臂）长度会缩短。这样，原有的完美平衡被破坏，光的行程会发生非常非常微小的变化，光便会外泄到光波探测器上。测出这个微小的变化，就可以“捕捉”到引力波了！

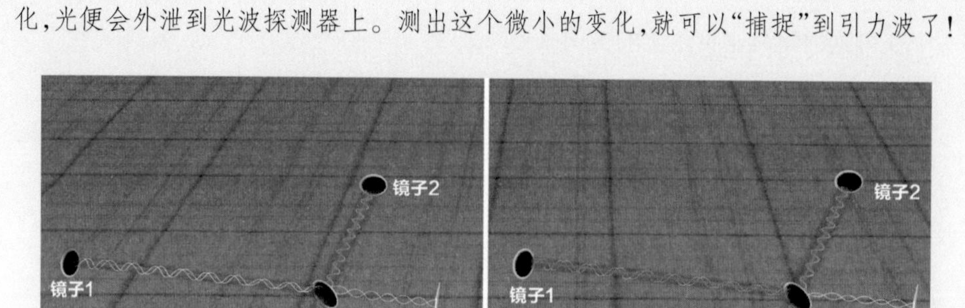

没有引力波

一束激光通过干涉仪
被分成两束光

两束激光被镜子反射回来
走过的路径长度相同

光波相互抵消

没有光射入探测器

引力波来了

一束激光通过干涉仪
被分成两束光

两束激光被镜子反射回来
走过的路径长度不同

光波无法抵消

有光射入探测器

不过没有一个人付诸实践。因为就当时的测量条件来说，要测量出引力波改变的微小光程差简直是天方夜谭。不过，这一方法还是被进行了总结，发表在学校的内部期刊上。

幸运的是，有一个人关注到了这个方法，他就是美国加州理工学院的著名科学家索恩——就是电影《星际穿越》的科学顾问！不过，一开始他的评价超级悲观，在他编写的教科书中甚至有这样的题目：

“证明:激光干涉是无法测量到引力波的。”

标准答案长这样:

干涉仪中使用的光的波长为几百纳米,能测出的光程差最多和光的波长是一个级别,但光的波长相对引力波带来的变化而言,仍旧是一个天文数字,我们要测量的数值比这个数字小太多了,根本无法达到这个精度。

但是,索恩在深思熟虑之后,改变了想法:如果能测出一个波长的光程差,就能测量出十分之一的光程差,继而百分之一、千分之一……也许,加上合理的改进,可以将仪器的灵敏度提到意想不到的高度!

在这样的理念下,20世纪90年代,由加州理工学院和麻省理工学院合作主导的“超豪华升级版”干涉仪——LIGO正式开工建设。

干涉仪为迈克尔逊赢得美国历史上第一个诺贝尔物理学奖,那这次,升级版的LIGO会成功还是失败?

别着急,让我们接着往下看,小小的干涉仪是如何大变身,进而登上引力波探测的宝座的!

③ LIGO的秘密

提起天文台,你会想到什么?你脑海中可能会浮现这样的画面:圆球形的屋顶,中间一条宽宽的裂缝,或者大大的抛物面型的射电望远镜。

普通天文台。

但激光干涉引力波观测台(也就是LIGO)和你印象中的天文台长得一点都不一样。它是一个巨大版的迈克尔逊干涉仪,两条“手臂”足足有4千米长。

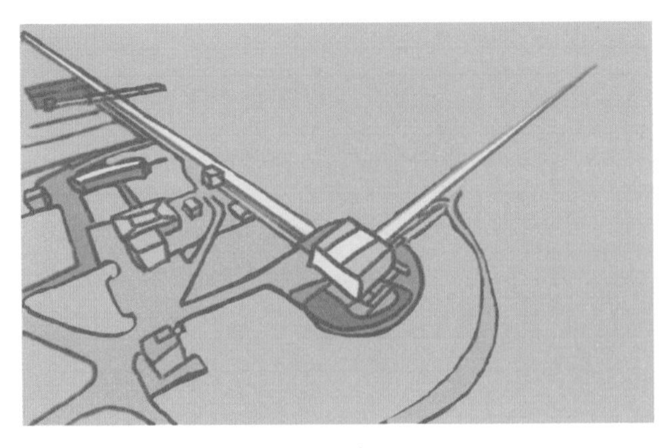

LIGO位于汉福德的观测站。

LIGO的自述

我看不见任何东西，一切全凭双臂的感觉。我有两条笔直的、4千米长、钢制真空管构成的长臂！

我直接建在地面上，真空管将我和外界隔离开来。

我不是一个人单独工作，我有一个孪生兄弟。我们俩一个在美国路易斯安那州的利文斯顿，另一个在3000千米外的美国华盛顿州的汉福德。

虽然“天各一方”，但兄弟齐心，同步操作，一起探测引力波信号，避免当地的震动给我们输入错误的信号。

普通天文台的自述

我用望远镜通过电磁波“监视”太空。

我要收集宇宙中的恒星或者天体发来的光，因此我一般都建在高高的山顶。

我独立性很强，可以单独运作并收集自己需要的数据。

虽然看起来变了很多，但LIGO本质上还是一个干涉仪，和迈克尔逊干涉仪的原理一样。只是光在里面奔跑的路线特别特别长——足足4千米！

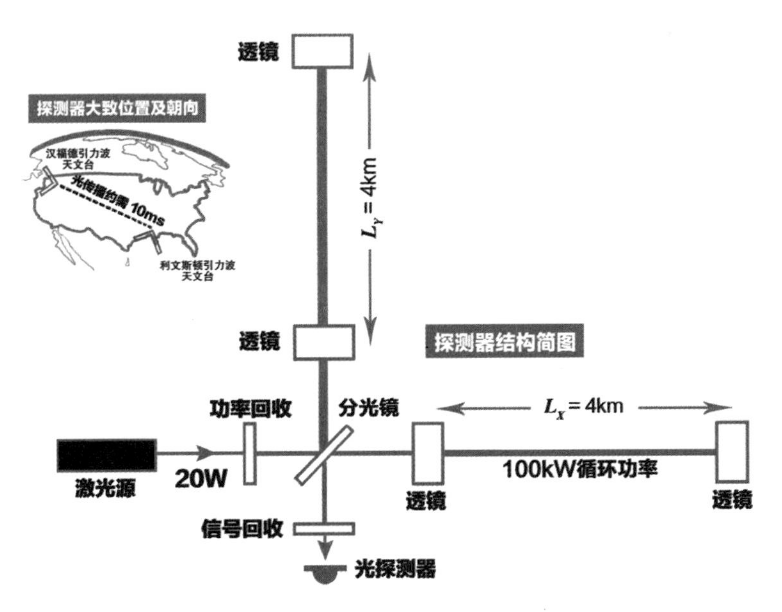

LIGO探测器结构简图，左上为探测器大致位置及朝向。

当引力波到来时，它会将LIGO的一条臂拉长，同时压缩另一条臂，我们就用光来检测臂长的微小改变，以此来“捕捉”引力波到来的蛛丝马迹。

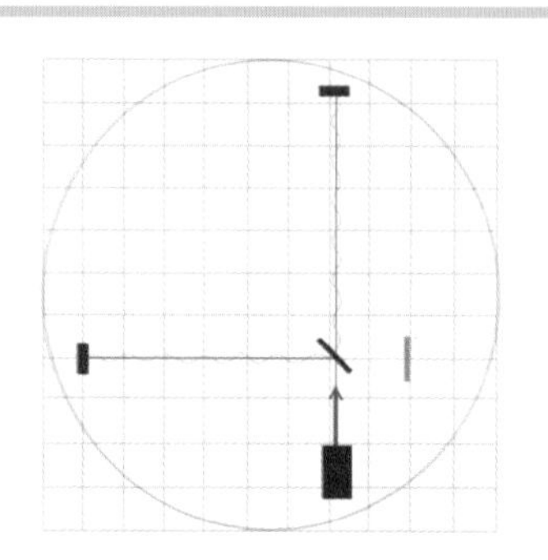

激光从光源发出，分成两束，分别在4千米的长臂中游走。

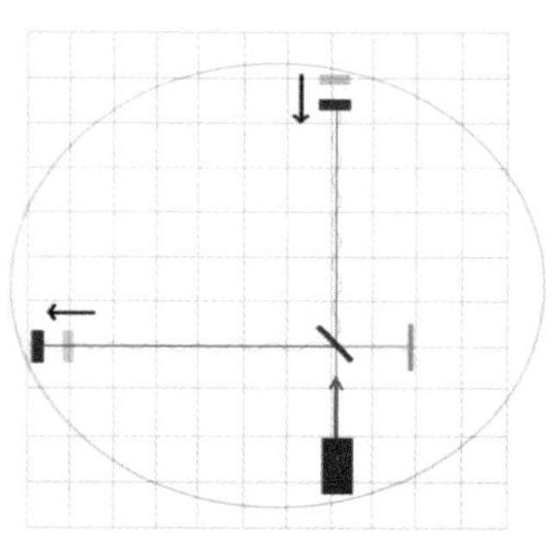

引力波过来，一臂伸长，一臂缩短。

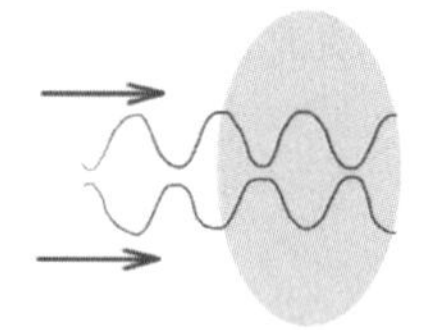

两臂中两束光传播距离完全相等，光干涉相消。光子探测器上没有光信号。

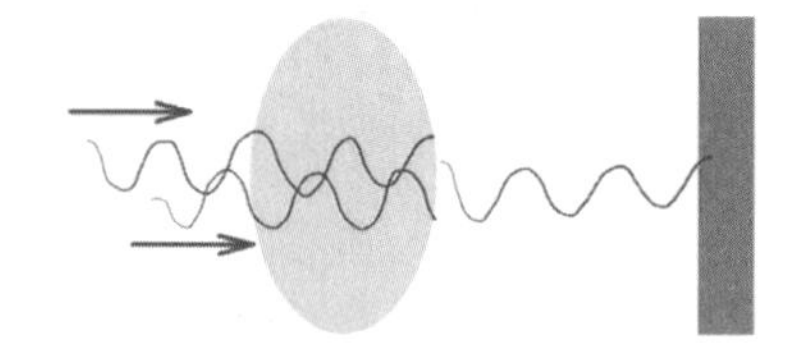

光程差发生改变，原有仪器平衡被破坏，不能干涉相消，光外泄，光子探测器输出信号。

不过这么巨大的干涉仪，很容易受到干扰。地球上存在着各种各样的噪声：海浪拍击着礁石，大气在周而复始地呼啸着，飞机发动机的轰鸣声，汽车绝尘而去……每一种噪声都可能造成结果的扰动。如何把这些噪声隔离开，专心“倾听”来自遥远天际、振幅为千分之一质子半径的波动呢？

科学家绞尽脑汁，在引力波探测器中运用了各种最尖端的技术。下面，让我们一起来看看有哪些法宝吧！

法宝一：激光

光束要走过4千米的长臂，如何使其保持窄窄的一束，而不是像阳光一样扩散开来？

我们可以拿一只手电筒,对着一面墙打开开关,在墙上就可以看见一个很大的光斑,当我们拿着手电筒退到离墙一步远的地方,可以看到光斑明显变大。如果用激光做同样的实验,我们会发现即便站在了房间另一边,激光光斑的大小并不会发生太大改变。

所以干涉仪的光源选择了激光。这是一种比较特殊的光源,它产生的光子几乎具有相同的波长,而且几乎都朝一个方向传播,不会随传播的距离增大而扩散得太快。

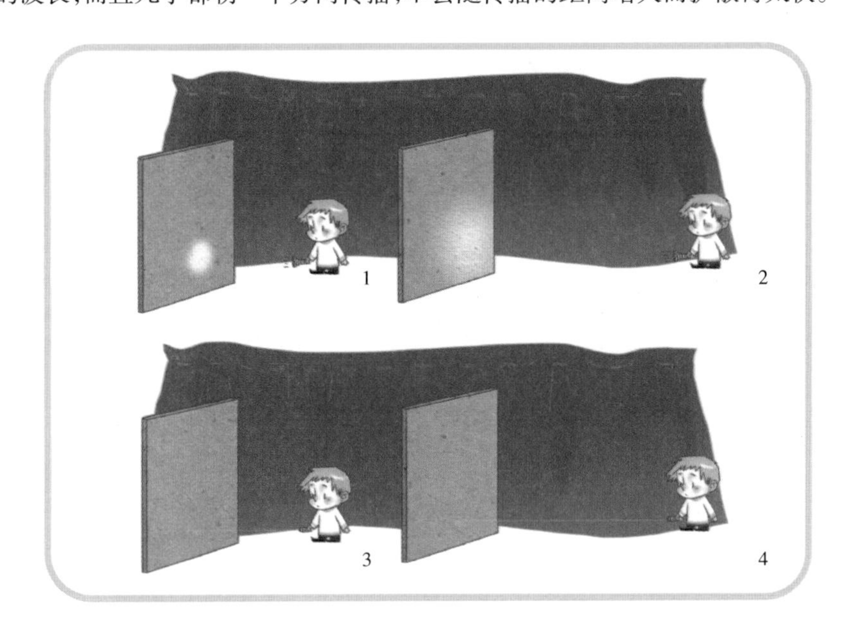

法宝二:反射透镜

在LIGO长臂的两端,各放着两个透镜,它们之间相对位置的变化是我们测量引力波的关键。科学家使用了各种方式来提高其精巧程度——在表面上涂上多层镀膜,提高反射能力;用纯二氧化硅打造透镜,降低光通过透镜时的损耗,每300万个光子入射,平均只有1个光子会被吸收!如果你有机会去参观,只会感叹:亮!酷!

法宝三:减震系统

引力波穿过探测器时,会引起透镜位置的变化,这个极小的变化量甚至比10^{-21}米还要小。然而,即使是平常的海浪或者探测器周围经过车辆,对镜子的移动都能达到10^{-9}

升级前：透镜直径25厘米，重11千克，用两根钢丝悬挂。

升级后：透镜直径34厘米，重40千克，四层悬吊结构。

米。所以，为了能探测到引力波，必须降低透镜对其他振动的响应。

LIGO的制造者把干涉仪的镜子放置在一个机械悬架中，这类似于汽车中的减震系统。科学家把透镜用悬线悬挂起来，形成一个单摆，利用多个单摆的组合，进而形成多级的隔振系统，最终降低地面振动产生的影响。

法宝四：真空腔

LIGO的两条长臂几乎都置于密封真空腔中，这是隔离环境噪声的一个有效方法。因为声音传播需要诸如空气等介质，而理想的真空环境是一个完全不含任何物质的空间，连空气都没有，所以抽成真空能减少外界环境中嘈杂的声音对干涉仪臂长的影响。

同时，因为高真空系统中空气分子的减少，激光因被分子散射而造成的光学损耗也减少了。简直是一举两得之法！

法宝五：多次反射，增加有效臂长

在如上所述的激光、减震悬架系统和真空环境条件下，LIGO让激光在4千米的长臂中反射了400次再进行干涉——这极大地增加了LIGO的有效臂长，让它延伸到1600千米！

光走的路程大大增加，引力波在4千米臂长上的微小变化量也被扩大400倍，成功扩大到原子核的量级上，增大了探测到引力波的可能性。

对科学家第一次检测到的引力波，让我们来算一算：

4千米带来的变化量：4千米$\times 10^{-21} = 4\times 10^{-18}$米。

反射400次带来的变化量：4千米$\times 400\times 10^{-21} = 1.6\times 10^{-15}$米。

法宝六:功率倍增器

由于干涉仪臂长很长,而且要来回走400次,所以需要增加激光的强度。LIGO的激光功率其实只有200瓦,但据科学家分析,测量时需要750千瓦的激光功率。于是LIGO让入射的激光在镜面之间来回反射,并将反射后强度叠加后的光原路输回原光路,形成所谓的"能量循环",以满足LIGO的激光功率要求。

LIGO进化史

- 1989年　首次提交修建LIGO的计划。
- 1990年　美国国家科学基金会批准了修建LIGO的计划。
- 1992年　选择了放置两座探测器的地址:美国华盛顿州的汉福德和路易斯安那州的利文斯顿。
- 1999年　LIGO建造完成。
- 2007年　LIGO进行升级改造,进化成增强版LIGO,采用更高功率的激光器,进一步减少振动。
- 2015年　又一次升级改造,"进化"成先进版LIGO,搜索的空间范围大大提高。

2015年9月初,科学家对LIGO的系统进行了上述升级后,开启了最后一次试运行。9月14日,也就是探测器重新运行后的几天,碰撞合并的黑洞发出的引力波,穿过了地球,穿过了你我,也穿过了位于利文斯顿的探测器。7毫秒之后,它又到达了位于3000千米外的汉福德探测器,留下了几乎一模一样的波形。

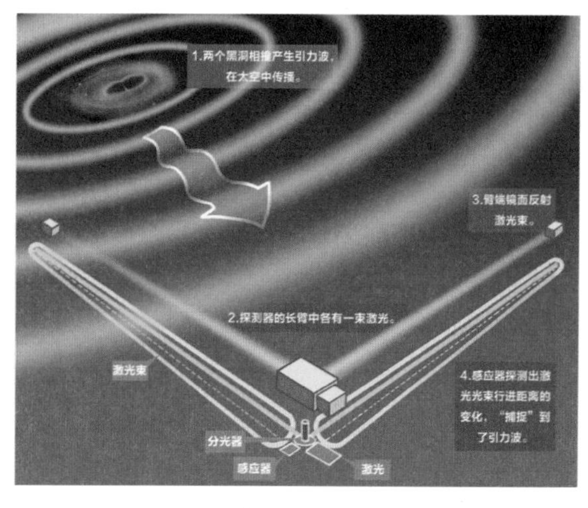

LIGO"捕捉"引力波的过程。

3分钟之后，这个信号就被计算机识别了出来。数据分析专家们将它与一个海量的由理论计算产生的波形库中的波形相对照，推断出这是两个黑洞合并发出的引力波。

在广义相对论提出100年后，引力波终于被人类“捕捉”到了！

欢迎来到“引力波被发现了”新闻发布会现场

记者：请问你们直接看到的是什么？

科学家：我们直接看到的是数据分析系统分析出来的、右面的这样一个波形。前面两个波形分别是两个探测器检测到的。这两个波形之间相差7毫秒。

把两个曲线重叠起来（第三幅图），可以看出最关键的部分有非常高的重合度。

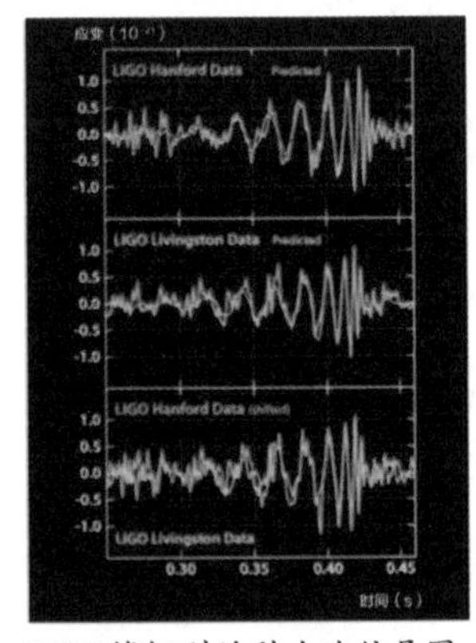

LIGO捕捉到的引力波信号图。

记者：能给我们具体解释一下波形吗？

科学家：把噪声分离出来，得到下面更平滑的波形。它对应着黑洞合并的三个阶段。

第一阶段：旋近。这个阶段释放引力波，放出能量，使得它们的旋近速度越来越大，距离越来越近。

第二阶段：合并。频率和振幅都达到极值，旋转速度达到最大，碰撞在一起。

第三阶段：衰荡。合并之后，振幅急剧减小到零，整个过程趋于平静，不再释放引力波。

整个过程不到1秒。

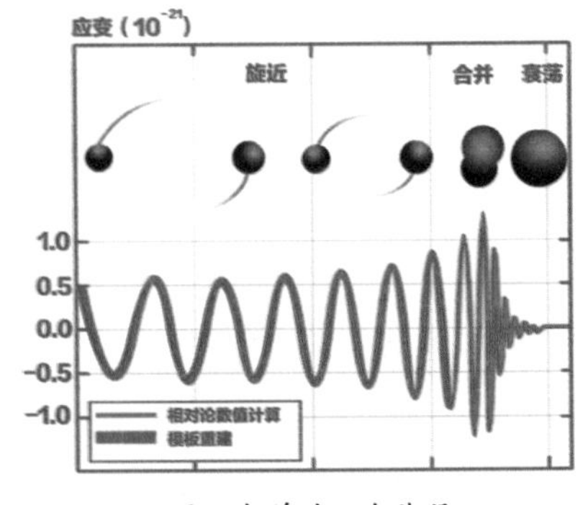

黑洞合并的三个阶段。

记者：从波形中还能分析出什么？

科学家：根据波形的振幅、频率随时间的变化等，我们推断出这次引力波是分别为29倍太阳质量和36倍太阳质量的两个黑洞合并时，产生的超强激波。

记者：2个黑洞合并成62倍太阳质量的黑洞。29 + 36 - 62 = 3，消失的3个太阳质量去哪儿了呢？

科学家：这3个太阳质量以引力波的形式被辐射出去——根据爱因斯坦的质能方程，也就是辐射出3倍太阳质量的能量。这相当于数以亿计的原子弹同时爆炸，其威力相当惊人！

经过漫长的13亿年的旅程，其中极少的一点能量传播到地球，被今天的人类探测到。而13亿年前，地球还被单细胞生物所统治！

小链接

在有些报道中，你会看到这样的表述："黑洞距离我们13亿光年远"，这和我们所说的13亿年前不太一样。其实，光年是距离单位，是光走一年的距离，而引力波从13亿光年远的距离传到我们这儿需要13亿年！所以说距离我们13亿光年远和13亿年前其实意思是一样的——我们观测到的引力波是发生在13亿年前、距我们13亿光年远的黑洞爆发产生的。

记者：引力波已经到达地球了！它会不会对人体产生辐射？听说已经有工厂在生产防引力波辐射服了！已经有人在下防引力波辐射服的订单了！

科学家：这真是杞人忧天！引力波只是造成时空的弯曲，它跟物质基本不发生作用。

记者:听说引力波在5个月前就发现了,为什么现在才公布?

科学家:在这之前,也有很多科学家宣称发现了引力波,比如韦伯的发现,以及2014年原初引力波的发现,但全都是空欢喜一场。我们花了5个月时间仔细验证,确认这是一个真实的天文事件,才在今天公布。

记者:发现引力波,你心情怎样?

科学家:你知道吗?这几乎是我到目前为止的全部回报,所有我正在研究的东西都不再是科幻小说了!哈哈!

LIGO的日常工作

LIGO秘密破坏小组

成员:3人。

小组任务:专门搞破坏。

日常工作:在观测数据中人为地注入信号。

大犬事件:2010年9月16日,LIGO和VIRGO(法国和意大利合作建造的探测器)同时探测到一个信号,方向大概来自大犬座。这个事件让LIGO科学合作组织大为振奋,大量的研究工作围绕大犬事件展开,论文有待发表,新闻稿箭在弦上。

然而,3人小组突然出来宣布对此信号负责:大犬事件的数据,是他们人为放出的假信号。

真是空欢喜一场!

 “捕捉”引力波的网

和水波、声波、电磁波一样，引力波也有波长和频率。引力波的频域很宽，如同交响乐分高音、中高音、中音、中低音一样，我们也可以根据频率对它进行大致分类，不同频段的引力波源，对应有不同的探测手段和探测器。这些探测器构成“捕捉”引力波的天罗地网。下面让我们一起来看一看吧！

这些引力波共同组成了宇宙的“交响乐团”。

宇宙乐章的高音

探测目标：中子星、恒星级黑洞等致密天体组成的双星系统。

引力波频率：$1\sim10^4$赫兹。

探测手段:LIGO等地面激光干涉探测器。

我们知道,LIGO使用激光干涉仪探测从遥远太空传来的引力波,但这种信号非常微弱,周围存在各式各样的噪声——几千米外卡车驶过公路,几十千米外火车驶过,几百千米外海浪拍打着沙滩……这些都会对干涉仪的臂长变化产生相似的作用。

最直接有效的解决方案,就是多建几个类似的探测器。这样,当卡车经过,或是海浪拍击,或是有人在探测器边放了个爆竹,只会在一个探测器上产生噪声。而引力波经过地球时,对所有的探测器都会有影响。

LIGO在相隔3000千米的两地建造了一模一样的探测器,两个探测器接收到一模一样的波形,从而确定了这个引力波事件。

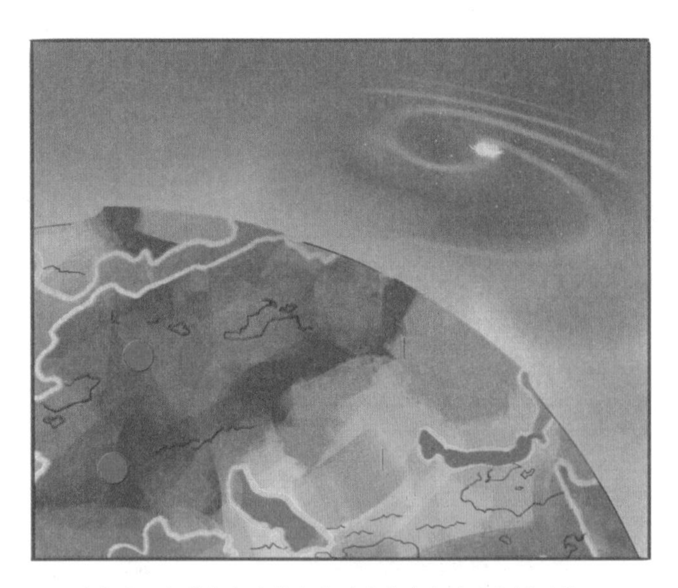

两个黑洞合并发出的引力波到达地球上的两个探测器。

当然,两个远远不够!除了美国的LIGO之外,科学家还在其他地方建造了探测器,试图在地球上织起一张"捕捉"引力波的天罗地网:德国和英国合作建造的GEO600、法国和意大利合作建造的VIRGO、日本的TAMA300以及计划建造的LCGT、澳大利亚计划建造的AIGO以及印度计划建造的LIGO-India……

有了这个探测器网络,当引力波到来时,我们就可以有效地甄别虚假信号,还可以更精确地测定引力波天体源的位置。

探测引力波的长臂

↑位于意大利比萨附近，由意大利和法国联合建造的臂长为3千米的激光干涉引力波探测器 VIRGO(处女座干涉仪)。升级后的VIRGO于2016年年底开始运行。

↑欧洲引力波天文台正在建造中的爱因斯坦望远镜，建于地下，臂长10千米。有望用其验证引力波理论和探测黑洞。

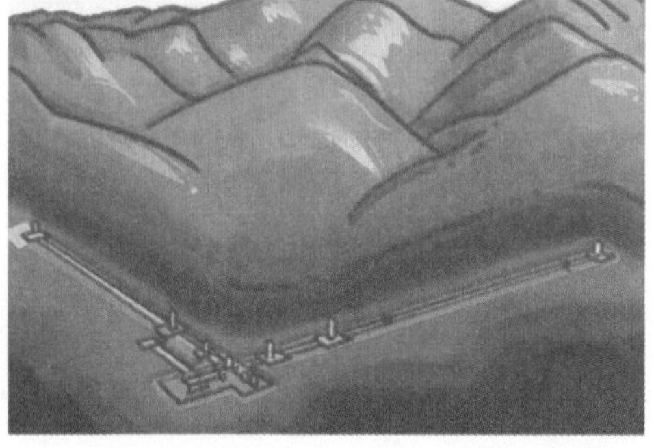

日本在岐阜县大山中的引力波探测器KAGRA，于2016年3月开始试运行。KAGRA建于200多米的地下深处，臂长3千米。→

←英、德合建的GEO600位于德国汉诺威，臂长为600米。

小链接

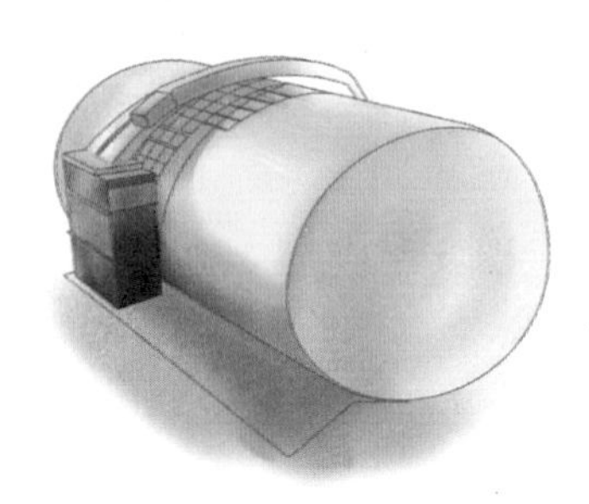

共振棒。

除激光干涉仪外,还有些科学家试图用共振棒(韦伯棒)探测引力波。自韦伯第一个建造共振棒探测器以来,意大利、澳大利亚、美国的科学家都相继建造了类似的探测器,他们采取了更复杂的减震、低温、真空等措施排除干扰,如意大利在罗马附近建造的重2.3吨、温度冷却到0.1开尔文的共振棒探测器。不过,这些探测器都没有取得令人信服的证据。

宇宙乐章的中高音

探测目标:致密双星、超大质量双黑洞和大质量比双黑洞的合并,普通星系核中大质量黑洞捕获恒星质量黑洞,大质量天体的爆炸等。

引力波频率:10^{-4}～1赫兹。

探测手段:eLISA等空间激光干涉仪。

由于噪声的存在,我们在地球上只能探测频率较高的引力波,比如黑洞合并等宇宙中的突发事件;如果要探测频率略低的引力波,就必须远离地球,向太空进发,建造更大的引力波探测器!

1993年,欧洲航天局(ESA)提出激光干涉空间天线(LISA)计划。

LISA放大招了

1. 该天线阵列由三个绕太阳公转的探测器组成，构成一个边长为500万千米的等边三角形。也就是说，一共可以构成3个巨大的干涉仪！而且每个干涉仪的长臂为500万千米，相当于地球和月球距离的13倍！——不过这个长臂不再是有形的长臂，而是有激光通过的无形的长臂！

LISA引力波探测器概念示意图。

2. 每个探测器都像一个油炸面包圈，中间有一个“Y”形的仪器舱，装有用于激光干涉的仪器。在仪器舱中，有一个作为“检验质量”的合金立方体(75%的金和25%的铂)，如果有引力波扫过合金立方体，其位置的微小改变会引起干涉信号，从而探测出引力波的存在。

LISA发出激光束。

理论上，LISA能够在100万千米距离上感知10^{-11}米的变化，相当于原子直径的十分之一。也就是说，当引力波经过时，“LISA”三角形会收缩或拉伸几百个纳米。(1纳米＝10^{-9}米)

3. LISA在地球后方约0.5亿千米的地方跟随地球绕太阳运转。LISA三角形的中心将沿地球轨道转动，同时，每个探测器也以一年为周期绕这个中心转动。

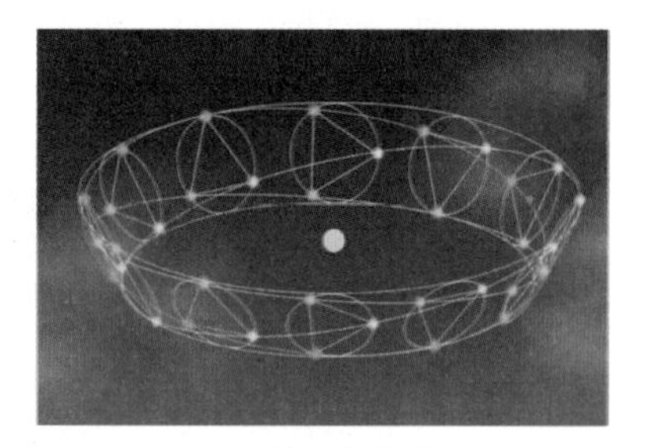

LISA的运行轨迹。

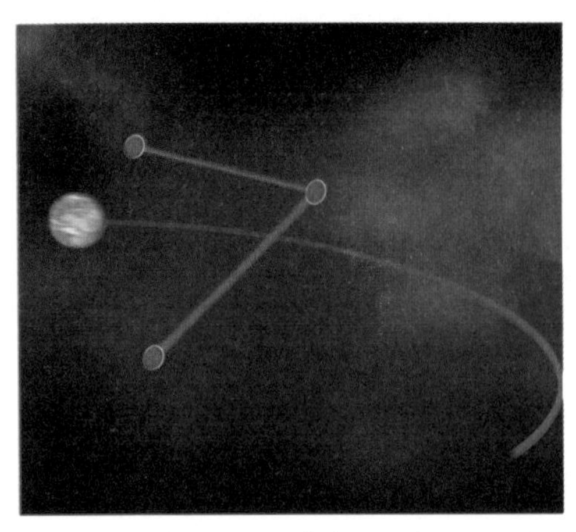
eLISA计划。

看起来是不是很熟悉？你猜对了，这就是“太空版”的迈克尔逊干涉仪！

但看起来这么酷炫的计划却没能实施。由于经费不足等问题，欧洲航天局修改了计划，改成eLISA计划——将LISA中3颗一样的卫星改为一颗主卫星、两颗副卫星，它们之间的距离缩短到100万千米，计划中的三个激光干涉仪减少为一个。该计划目前仍在设计阶段，预计2034年发射。

小链接

为了验证eLISA要用的技术是否切实可行，2015年，欧洲航天局将“探路先锋”——“LISA探路者”发射到距离地球150万千米的日—地拉格朗日点。在这一点上，“LISA探路者”可以在与地球相对位置保持不变的情况下绕太阳转动。也就是说，它的轨道周期恰好等于地球的轨道周期。

“LISA探路者”并不能直接探测引力波，只是对后续能真正探测引力波的eLISA进行技术验证。这是人类踏上太空探测引力波的第一步。

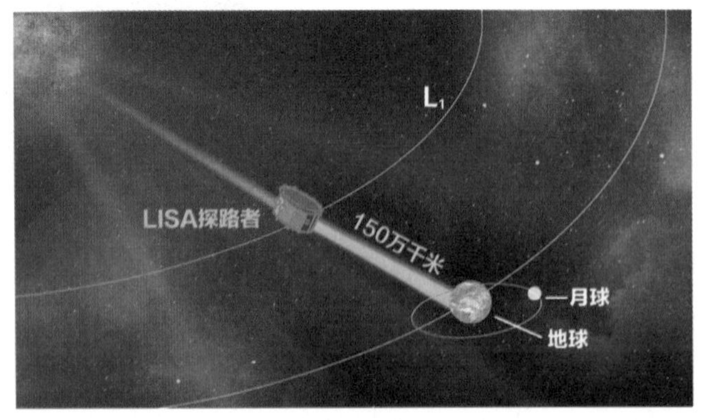

LISA探路者。

除了欧洲的eLISA计划外，其他国家也不甘示弱。美国提出后爱因斯坦计划，日本提出DECIGO计划，中国也提出“天琴计划”和“太极计划”。这些计划都是打算用空间卫星组成干涉网络，进行更长距离的干涉测量。

宇宙乐章的中音

探测目标：星系中心超大质量黑洞(数百万到数亿太阳质量)的合并。

引力波频率：10^{-9}～10^{-7}赫兹。

探测手段：脉冲星计时阵列。

还记得脉冲星这种特殊的天体吗？当它旋转时，发出的电磁辐射会扫过地球，就像海上的灯塔一样。它每自转一周，我们就接收到一次它辐射的电磁波，形成间断的脉冲信号。

在脉冲星中，有一个家族叫毫秒脉冲星。它们的旋转速度非常大，大约1毫秒就可以转一圈，而且转动周期极其稳定，所以我们接收到脉冲的时间也很稳定。它们就像极为精确的宇宙时钟，比瑞士钟表还要精确。

脑洞大开的天文学家将目光投向了这种脉冲星。当引力波通过脉冲星和地球之间时，会改变脉冲信号所传播的路径的长度，因此会导致我们接收到的脉冲信号有时候早，有时候迟。

当引力波通过脉冲星和地球之间时，会改变脉冲信号所传播的路径的长度。

天文学家要寻找的就是脉冲信号到达地球时间的异常变化。但一个脉冲星不行，因为还有很多别的因素会影响脉冲信号的守时性：比如天文台用的时钟可能不准，或者脉冲信号在传播过程中受到了电子干扰。所以天文学家利用地面上的大型地面射电望远镜作为探测器，同时观测很多的脉冲星，组成庞大的“脉冲星计时阵列”，尽可能地消除引力波之外的各种影响。

这相当于把整个星系当成一个巨大的引力波探测器，这个太空实验室够大吧！当多个脉冲星的脉冲计时数据都受到影响时，这就意味着，可能是引力波来访过了！

这种方法所探测到的信号频率要低得多，它能探测到的引力波波长甚至可以达到光年的尺度。目前国际上有三个脉冲星计时阵列项目，分别位于澳大利亚、北美和欧洲。

脉冲星计时阵列。

宇宙乐章的低音

探测目标：原初引力波。

引力波频率：10^{-18}～10^{-15}赫兹。

探测手段：宇宙微波背景辐射探测器。

如何寻找宇宙诞生之初的引力波？

我们有整个宇宙最古老的光，可以检测原初引力波对光的影响！对，就是利用宇宙微波背景辐射！问题来了，当原初引力波经过微波背景辐射时，会留下怎样的蛛丝马迹呢？

当这些涟漪在时空中传播时，它们会以一种独特的方式使得光子发生移动，从而在宇宙微波背景辐射中留下它们的印迹，形成特殊的图案。这种特殊的图案，科学家称为B模。

于是，科学家们架起专业望远镜，期望能够从观察到的宇宙微波背景辐射图像中，探测到宇宙暴胀阶段诞生的原初引力波的印迹。

许多科研专业团队都在竞争，想要抢先探测到这种信号。谁会第一个探测到呢？会是曾经宣称过探测到的BICEP团队吗？或者会是我们国家的阿里实验室？让我们拭目以待！

引力波探测的“大乌龙”

2014年3月，在北极的BICEP团队宣布发现了原初引力波的证据，但几个月后，2015年1月，该团队却宣布他们观测到的原初引力波来自宇宙尘埃颗粒的干扰，这个发现是错误的。

什么？你问他们到底探测到什么？这个讲起来可有点抽象，还是放张图让你感受一下吧！

位于南极点附近，用于探测引力波的“BICEP望远镜”。

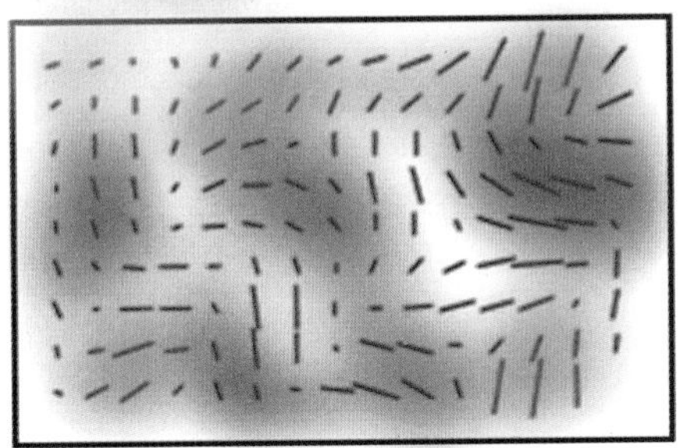

这里面有微小的涡旋涨落，这是原初引力波在微波背景辐射中留下的印迹。

⑤ 来吧，一起倾听宇宙的声音

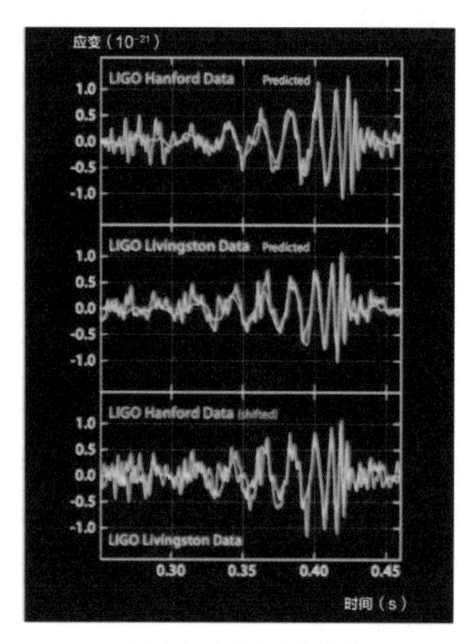

LIGO捕捉的引力波信号图。

LIGO捕捉到的引力波的波形非常有特点——它在人耳能听到的声音频率中，如果把它转化为声波，我们会听到一声轻响，就像是旋转着冒出水面并破碎的气泡发出的声响一样。

这就是来自两个黑洞的声音，它们一个质量是太阳的29倍，一个是太阳的36倍。这两个黑洞以越来越大的速度旋转，走向我们熟知的命运……

就这样，借助引力波，我们"听到"了宇宙中两个黑洞的翩然起舞。引力波为我们提供了一种全新的观测宇宙的方式，这是我们从未使用过的方法。

而每当一种新的天文观测手段被开发出来，人们对宇宙的认识就会登上一个新的阶梯。在16世纪，欧洲人普遍认为地球是宇宙的中心，其他所有天体都沿圆形轨道绕地球运转。尽管哥白尼对此颇有异议，认为太阳才是宇宙的中心，地球不过是绕太阳运转的行星之一，但他却找不出强有力的观测证据。四百多年前，伽利略第一次把望远镜对向了天空。他看到了太阳黑子、木星的卫星、月球上的山脉，还看到了银河系中难以计数的新恒星。这些发现渐渐使得哥白尼的日心说为人们所接受。

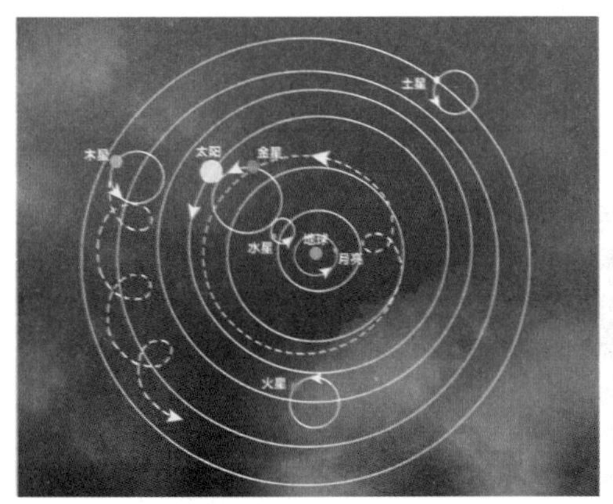

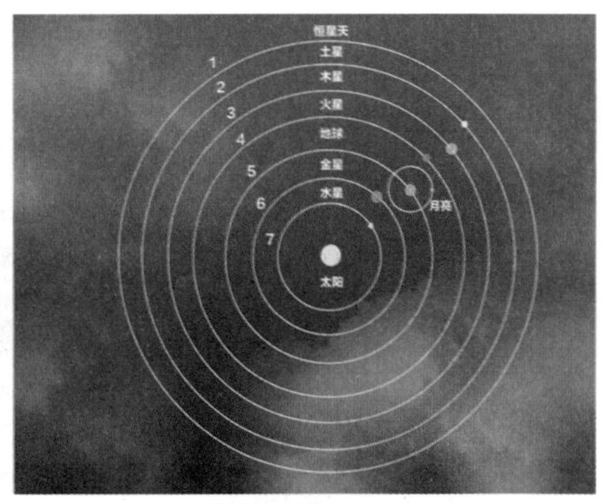

托勒密的地心说模型和哥白尼的日心说模型。

从那时候开始，天文学家们一直在通过不断扩展的电磁波谱来探测宇宙。起初只是可见光，后来是射电望远镜，再后来是宇宙飞船上的X射线和γ射线望远镜……电磁波谱的每一次扩展都给我们带来全新的发现。

小链接

可见光和无线电波能穿透大气层可以被地面天文台观测。红外波段会被大气层内的水蒸气吸收，所以红外天文台一般选择建在干燥的高地，或在太空中进行观测。紫外线、X射线、γ射线无法穿透大气层，必须在太空中进行观测。

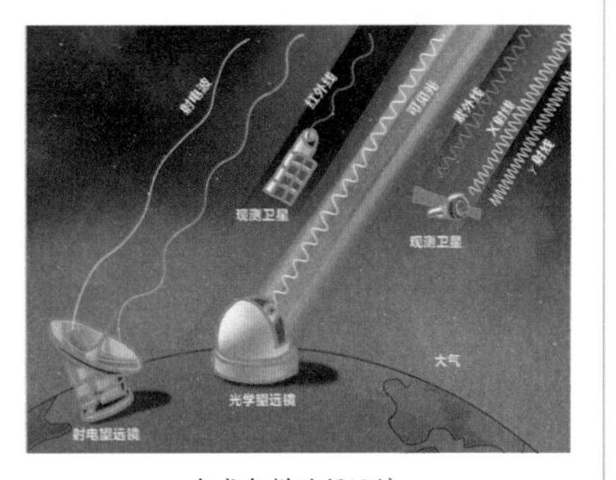

各式各样的望远镜。

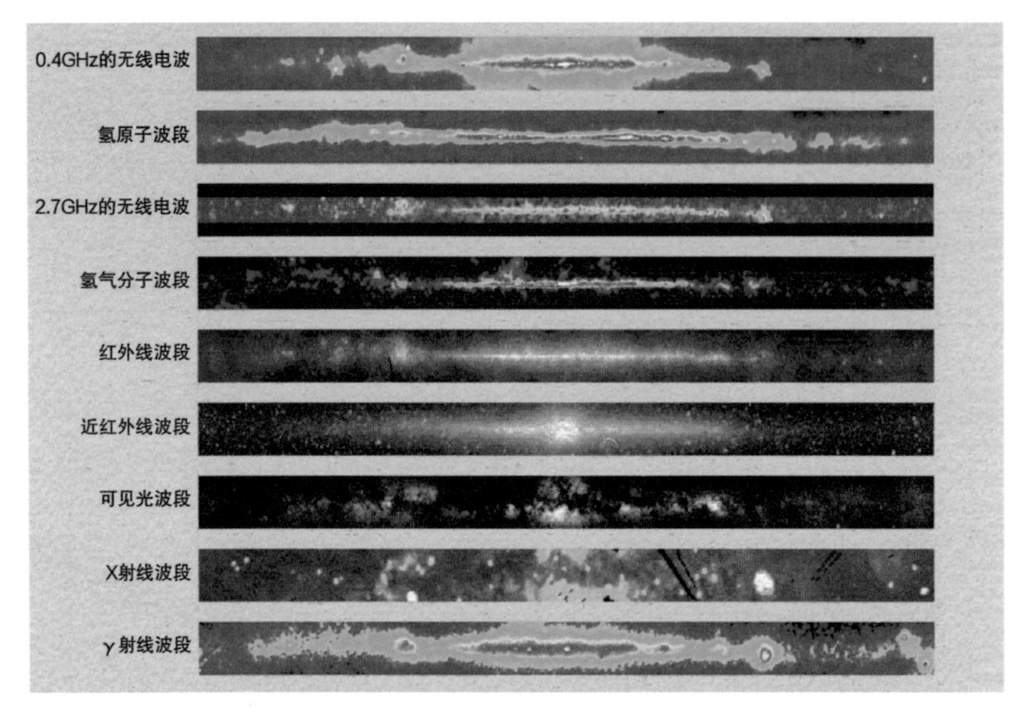

肉眼能看到的只有可见光，而同属于电磁波段的无线电波、红外光、紫外光、X射线、γ射线对于肉眼来说是完全透明的。但聪明的科学家用仪器把电磁波的信息记录下来，转化成肉眼可见的图片。此图为不同辐射波段下的银河系。

我们发现，宇宙远比太阳系大，银河系外还有无数星系。我们还发现了可探测的宇宙深处最初的光，也看到了宇宙中正在发生的各种神奇现象，比如恒星的诞生和消亡，星系的形成和合并。我们重新定义了宇宙的年龄和命运——宇宙起源于138亿年前的大爆炸，而且现在还在加速膨胀。

尽管我们取得的成就如此巨大，但仍很多问题没有解决。譬如，宇宙为什么会发生爆炸。而且，我们对宇宙的认知都基于对“光波”的传统探测，仅限于那些发出电磁辐射的星体，可是真正的宇宙中，大部分地方(90%以上)都是无尽的黑暗，存在着大量的暗物质和暗能量，还有看不见的黑洞。不管怎么调整望远镜的尺寸和数量，对这些黑暗我们都束手无策。

小链接

暗物质是指无法通过电磁波的观测进行研究，也就是不与电磁力产生作用的物质。人们目前只能透过引力产生的效应得知，而且已经发现宇宙中有大量暗物质的存在。虽然暗物质无形无色，但是它有着巨大的质量，利用引力波我们或许可以捕捉到它的蛛丝马迹。

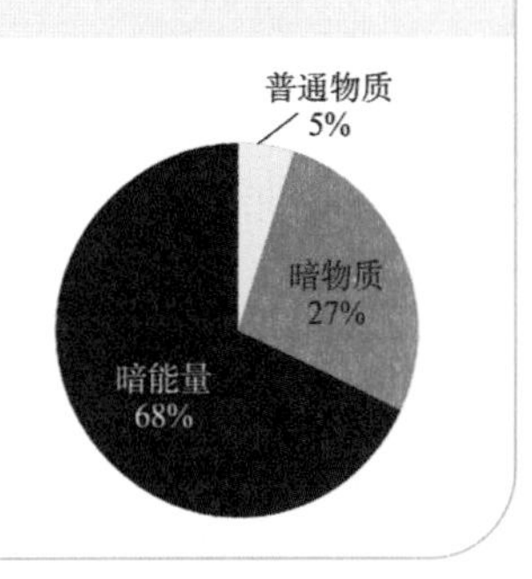

我们需要一个不同于电磁波的新“窗口”，而引力波正是这样一个“窗口”，它是一种能让我们直接聆听宇宙，聆听不可见物体（如黑洞）的方式。它携带着与电磁波截然不同的信息，提供给我们一种全新的感觉——听觉。引力波可以让我们倾听宇宙，这次我们亲耳听到了黑洞的合并，也许有朝一日，我们会听到恒星的爆炸、中子星的合并，甚至可以听到宇宙初创时那空前绝后的爆炸声。我们也许能了解宇宙过去发生了什么，明白为什么宇宙是现在这个样子，检验宇宙大爆炸理论是否正确。

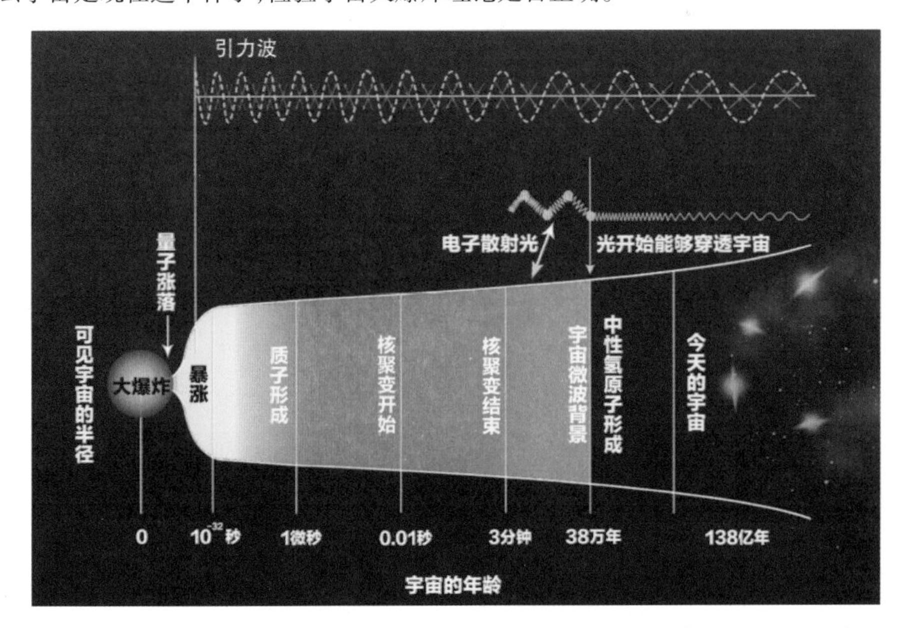

宇宙的历史：宇宙形成后38万年，电磁波才开始能够穿透物质，因此在这一堵“墙”以前的宇宙是无法通过电磁波来直接观测的，引力波也就成为了直接观测大爆炸的仅有工具。

然而,谁也不知道引力波这一全新的领域会发展到什么地步。它可能是充满新发现的乐土,也可能是一片贫瘠的沙漠。可我们必须去探索,就像1865年麦克斯韦预言电磁波的时候,没有人知道会给人类带来什么,而一个世纪之后,我们已经无法想象没有电磁波的生活会是怎样——不管是电视机还是移动电话、微波炉,还有射电望远镜、LIGO,都与电磁波有关。

1916年,爱因斯坦预言了引力波的存在,经过100年坚持不懈的努力,我们终于探测到了引力波,并听到了13亿年前双黑洞合并的声音。引力波的发展会怎么样呢,会不会和电磁波一样,给我们带来意想不到的惊喜?

没有人知道。

我们只知道,它将跨越星系和海洋,引导我们走向宇宙的更深处。

还有什么比倾听宇宙大爆炸本身更美妙呢?有什么比倾听时空之海的涟漪更动人的乐章呢?引力波的故事才刚刚开始,让我们一起倾听吧。

6 引力波天文学畅想

LIGO直接探测到引力波，引领我们踏上探索宇宙弯曲一面的奇妙旅程。通过引力波探测实现对天体的观测，这就是引力波天文学。

与电磁波相比，引力波有很多优点：

○ 提供电磁辐射不能携带的信息，比如揭示一个双星系统轨道的倾斜度。

○ 寻找电磁辐射找寻不到的东西，比如暗物质……

○ 揭示宇宙深处的信息。因为引力波与物质的相互作用非常弱，在传播途径中基本不会像电磁波那样容易被吸收或散射掉！

○ 当引力波天文台探测到一个信号之后，可以马上提醒其他类型的天文望远镜对一个特定区域进行观测并进行比较。

天文学家们已经开始畅想引力波天文学的广阔前景了——许多悬而未决的天文学问题，也许会有答案了！

1. 宇宙诞生的瞬间到底是怎样的？

我们知道，利用电磁波对宇宙进行观察，最早只能观察到宇宙诞生38万年后，而如果能探测到原初引力波的痕迹，就可以带我们回到宇宙起源的瞬间，"观摩"大爆炸之后宇宙成长的细节。

在宇宙诞生初期，目前人类发现的自然界中四种基本作用力——强相互作用、弱相互作用、电磁力和引力可能还没有分开，四种相互作用在极端的条件下有可能仍然处于统一的状态。因此，研究早期的宇宙状态也为物理学家最终完成万有理论提供了可能。

小链接

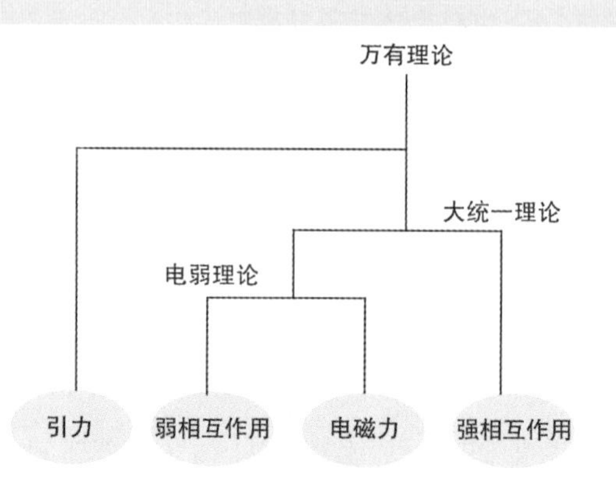

引力：由假想的引力子传递，与质量成正比，与距离成反比。在四种力中是最弱的一种。

强相互作用：存在于原子核中，正是由于它的存在，其内部带正电的质子之间不会因为相互排斥而让原子核分崩离析。

电磁力：处于电场、磁场或电磁场的带电粒子所受到的作用力，包括电力、磁力和光本身，由光子传递，与电量成正比，与距离成反比。

弱相互作用：比强相互作用力小很多，在粒子β衰变中起重要作用。

迄今为止观察到的所有关于物质的物理现象，在物理学中都可借助这四种基本相互作用的机制进行描述和解释。而且弱相互作用、强相互作用与电磁力这三种非引力可以用一种模型来描述，但是引力一直游离在外。

有没有一种可以解释宇宙的所有物理奥秘的理论？能否将引力与其他三种作用力合在一起？为了回答这些问题，科学家进行了不懈的探索，试图找目前被认为最有可能担当这一角色的是弦理论和圈量子引力论。

2. 中子星上有“高山”吗？

中子星在理论上是近乎完美的球形，但一些研究人员认为，它们的表面仍可能有“高山”——虽然只有几毫米高，却让直径只有10千米左右的中子星变得略微不对称。中子星通常旋转得极快，这种不对称的质量分布会让时空变形，产生持续的引力波信号，辐射出能量，并减缓中子星的旋转速度。科学家希望可以通过这种方式探知中子星的“外貌”。

另外，互相环绕的一对中子星相互碰撞会有怎样的结果？会是黑洞吗？为什么超大质量的恒星在超新星阶段发生爆炸？通过对它们发射出的引力波进行分析，也许可以找到答案。

3. 引力波可以测距离吗？

通过测量引力波事件的强度，我们可以推算出引力波源与地球的距离。有些物理学家认为，未来人类如果可以收集到数十个黑洞碰撞的引力波数据，一种新的天文学测距方法就将出现。然后，人们可以重新估算宇宙膨胀的速度，可能比用现有方法获得的数据更加精确。

4. 引力波是怎么传播的？是否存在一种类似光子的“引力子”？

物理学家猜测，引力波是由一种名为“引力子”的微粒来传播的，就像电磁波通过光子那样。如果引力子像光子，那它就没有质量，引力波就会以光速传播，符合广义相对论中对引力波速度的预测。如果引力子具有极其微小的质量，那么引力则可能是以非常接近光速的速度传播。

对于同一个天文事件，如果科学家们观测到了它所发射出的引力波与电磁波，并且比较它们到达地球的时间，就可以确定引力波是否真正以光速传播。

5. 暗物质和暗能量到底是什么？

因为星系旋转的速度和预期的不符合，人们提出了暗物质，用其解释星系及星系群内部的运动；为了解释宇宙加速膨胀，人们引进了暗能量。但它们究竟是什么？人们一无所知。

暗物质除了受到引力作用之外，几乎不与普通物质发生相互作用，如果可以探测到来自暗物质的引力波，人们将有可能对暗物质的结合方式和运动方式都有深入的理解，这将是理解暗物质性质的关键。

对于暗能量，精密的引力波探测与其他探测手段相结合，或许可以让天文学家们理解宇宙在不同时期膨胀的不同速度，掌握暗能量推动宇宙加速膨胀的原理，最终揭开它的真实身份。

小链接

1998年，三位天文学家利用Ia型超新星作为“标准烛光”，测量宇宙中天体的距离，得出宇宙正在加速膨胀的结论，由此预测暗能量的存在，并因此获得了2011年诺贝尔物理学奖。

6. 多重宇宙是真的吗？

在我们的宇宙之外，有没有可能还存在着其他的宇宙？现在，引力波是我们知道的唯一一种可以在不同维度传播的波。物理学家认为，不同宇宙之间的碰撞，会产生引力波。说不定在不久的将来，我们可以依靠引力波来判断多重宇宙是否存在！

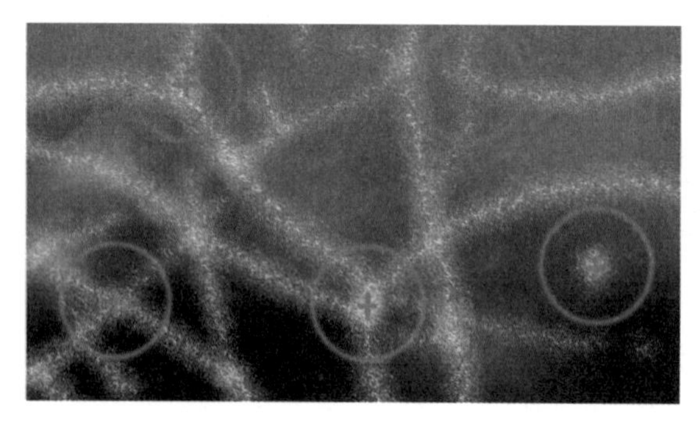

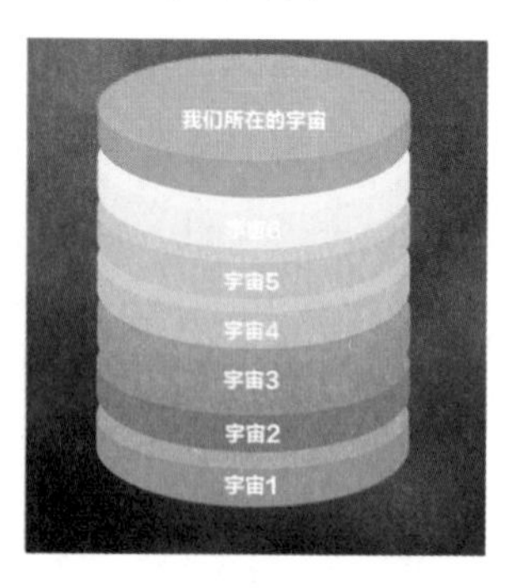

科学家关于多重宇宙的猜想。左图为无穷宇宙，在宇宙中存在大量的可观测区（有着红色十字中心的红圈），我们的“宇宙”不过是其中的一个可观测区而已。右图为“泡沫宇宙”，宇宙1到宇宙6各自有自己的物理常数，我们的“宇宙”不过是其中的一个“泡沫”而已。

抬头仰望天空，天空似乎和以前不同了，我们能听到遥不可及的神秘黑洞，并畅想着从中找到无数个天文学问题的答案，推测宇宙演化的历史。我们或许可以重新绘制银河系的地图，标记出各种奇异的天体：神秘且危险的黑洞、耀眼的超新星爆发、致密的中子星、假想的奇异星，或许还有适合人类居住的行星……

而科幻作家的想象走得更远，在科幻作品中，引力波已被视为星际旅行的重要通信工具，发挥着电磁波类似的作用，但它不会像电磁波一样容易被损耗。

在遥远的未来，人类驾驶宇宙飞船飞行于黑洞和中子星之间的科幻故事，不知道会不会变为现实？

只有时间，会带给我们答案。

尾声 “天琴计划”招聘啦

地球人，欢迎来到引力波时代！

公元2034年，想不想与我一起遨游太空，想不想随我一起感受弯曲的时空？

一起来吧，跟上我思想的速度！你与时空之间，只隔着几排书的距离！

中国的引力波探测历史

20世纪70年代，中山大学引力物理研究室建成常温共振型引力波天线，其测量灵敏度达到当时国际同类引力波天线的最高水平之一。

1979年7月，在意大利召开的广义相对论国际会议上，来自中山大学的陈嘉言教授由于在引力波研究方面的贡献，被聘为会议顾问委员会委员。这是中国的引力波研究第一次被国际社会认可。

但不幸接踵而至，1982年，陈嘉言在一次实验检测中触电身亡。后来，由于科研投入的调整以及科研环境的变化，中山大学的引力波探测器停止了运转。

2015年7月，中山大学公布了引力波探测的“天琴计划”，陈嘉言未竟的事业，终于得到进一步发展。

“天琴计划”：三星上天布琴阵

主导单位：中山大学。

项目类别：空间探测计划。

探测目标：双白矮星等中低频引力波。

实施方案：用20年(2016～2035年)时间，发射三颗地球高轨卫星，进行引力波探测。

预算：150亿人民币。

2015年7月，我国探测引力波的“天琴计划”在中山大学正式启动。

该计划与欧洲的eLISA计划一样，采用3颗完全相同的卫星，构成一个等边三角形阵列。不同的是，“天琴计划”中的卫星离我们比较近，它们在以地球为中心、高度约10万千米的轨道上运行。

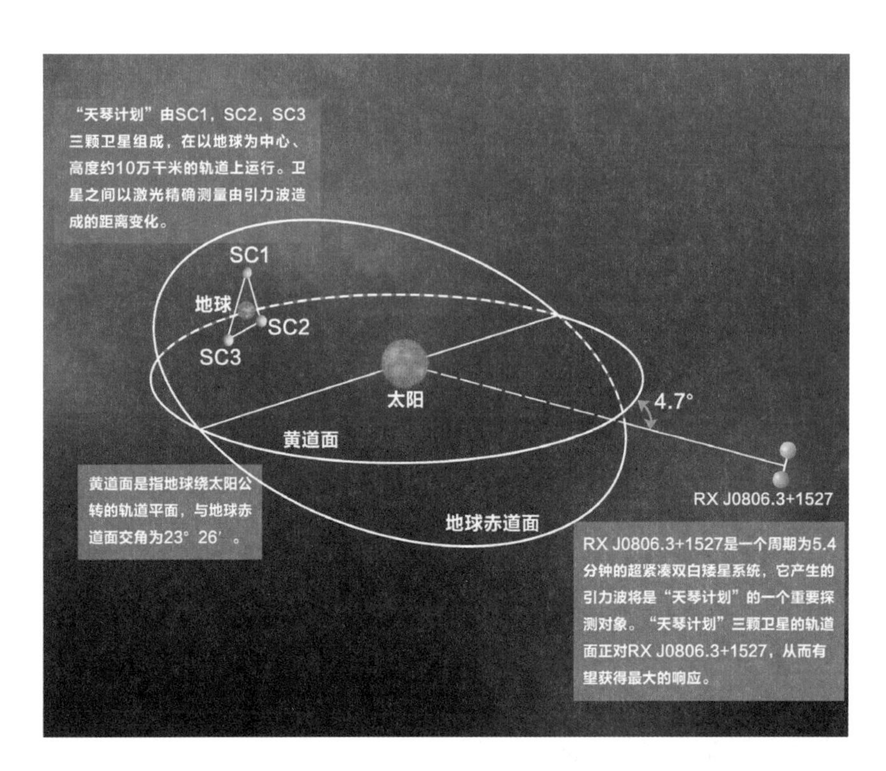

三颗卫星相互之间用激光进行联系，形似一把竖琴，故名天琴。和eLISA一样，在每颗卫星内部，都包含一个或两个悬浮的检验质量块。这些检验质量块将只在引力的作用下运动，来自太阳风或太阳光压等细微的非引力扰动将被卫星外壳屏蔽掉。卫星上的高精度激光干涉测距仪器会记录由引力波引起的不同卫星上检验质量块之间的细微距离变化，从而获得有关引力波的信息。右图为“天琴计划”实施阶段示意。

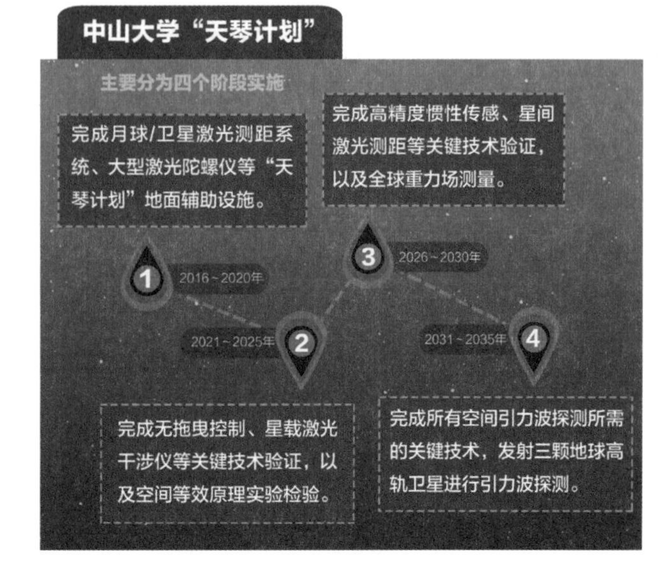

和LIGO通过探测到的引力波信号反推两个黑洞的合并不同,“天琴计划”的引力波探测利用光学辅助手段,对确定引力波源(如双白矮星RX J0806.3+1527)进行观测。

按照广义相对论,引力波按照光速运动,LIGO就是假定引力波以光速到达地球,但是到底是不是真的以光速到达地球呢?利用引力波,并辅以光学手段,用天琴卫星可以对此进行检验。

同时,“天琴计划”的实施过程中衍生的关键技术可用于很多领域,如对地球重力场的精确测量可帮助了解水资源和矿产资源的分布和变化;“天琴计划”中要测量两颗相距10万千米的卫星之间小于一颗原子的距离变化,这种技术将广泛用于精密测量。

在“天琴计划”之外,中国还有其他的引力波探测计划,下面就让我们一起看一看吧!

空间“太极计划”:中国的eLISA

主导单位:中国科学院。

项目类别:空间探测计划。

探测目标:观测双黑洞合并和极大质量比天体合并时产生的引力波辐射,以及其他的宇宙引力波辐射过程。

实施方案:方案一:参加欧洲航天局的eLISA双边合作计划;方案二:发射一组中国的引力波探测卫星组(类似eLISA)。

小链接

《易经》有云:“易有太极,始生两仪,两仪生四象,四象生八卦。”按照中国古代的宇宙观,万物之始是“太极”。“太极计划”之名由此而来,而它的图形也意外地与双黑洞形象相似。

2016年2月,中国科学院公布了空间“太极计划”。比起“天琴计划”,空间“太极计划”则更像欧洲的eLISA计划,它有两个方案:方案一是参加欧洲航天局的eLISA双边合作计划,方案二是自主研发,在2033年左右,独立发射由3颗卫星组成的引力波探测卫星组，与eLISA同时遨游太空。

空间“太极计划”涉及广泛的学科领域和前沿技术，因我国的技术能力与国际先进水平还有一定的差距，具体如何选择还未最终确定。

“阿里计划”：在世界屋脊捕捉宇宙的“初啼”

主导单位：中国科学院高能物理所。

项目类别：地面探测计划。

探测目标：原初引力波。

实施方案：使用微波波段的望远镜，搜寻从138亿年前跨越整个宇宙传播到地球的宇宙微波背景辐射。

原初引力波太微弱，所以要选干扰尽可能少的区域。因为观测区域大气越稀薄、水汽含量越少，才越有希望看清原初引力波留下的痕迹。

中国国家天文台阿里观测站（它位于我国西藏阿里地区狮泉河镇以南约20千米处，海拔5100米的山脊上）。

目前，根据大气透射率，科学家在全球共选出了4个最佳观测点，位于南半球的是南极和智利阿塔卡马沙漠，位于北半球的是格陵兰岛和中国西藏阿里。阿里地处理想的中纬度区域，水汽含量低、大气透明度高，是北半球观测条件绝佳的天文台观测地址。

“阿里计划”使用一台微波波段的望远镜，与位于南极的BICEP望远镜原理类似，通过极其灵敏的探测元器件，排除地球大气和银河系的干扰，搜寻从138亿年前跨越整个宇宙传播到地球的宇宙微波背景辐射。

它比BICEP望远镜精度更高，将由中美两国合作研制。如果现在就开始积极研发，预计3至5年内能建成并投入使用。

地球上最大的“耳朵”:FAST

项目类别:地面探测计划。

探测频段:低频。

实施方案:通过观测脉冲星周期的变化,探测引力波。

预算:11亿人民币。

中国西南的贵州,在形成于4500万年前的巨型天坑中,科学家与工程师们建造了面积相当于30个足球场的世界最大的单口径射电望远镜。它像一只庞大而灵敏的“耳朵”,将捕捉来自遥远星尘最细微的“声音”,洞察隐藏在宇宙深处的秘密。

大“耳朵”正式的名字是“500米口径球面射电望远镜”。科学家将它的英文名Five-hundred-meter Aperture Spherical radio Telescope缩写为“FAST”。这是中国有史以来最大的天文工程,于2016年9月竣工。

大“耳朵”FAST与号称“地面最大的机器”的德国波恩100米望远镜相比,其灵敏度将提高约10倍;与被评为“人类20世纪十大工程”之首的美国阿雷西博望远镜相比,综合性能提高约10倍。

有了它,我们就可以观测大量的脉冲星发出的脉冲信号,如果观察到由于引力波引起的时间变化,就可以寻找引力波存在的证据,探测引力波了!

“天琴”“太极”“阿里”“FAST”,看到这么多的引力波探测计划,你是不是有些动心了呢?——“天琴计划”在招人呢!从现在起,赶紧学习,努力加入,开创引力波的中国时代吧!

图书在版编目（CIP）数据

引力波 ：时空之海的涟漪 / 胡星编著. -- 杭州 ：浙江教育出版社，2017.5(2019.4重印)
（少年微科普系列）
ISBN 978-7-5536-5704-2

Ⅰ. ①引… Ⅱ. ①胡… Ⅲ. ①引力波—少年读物 Ⅳ. ①P142.8-49

中国版本图书馆CIP数据核字(2017)第064972号

责任编辑 谢 园　　文字编辑 朱毅萱
美术编辑 曾国兴　　封面设计 董 琦
责任校对 雷 坚　　责任印务 刘 建

引力波——时空之海的涟漪
YINLI BO——SHIKONG ZHI HAI DE LIANYI
胡星 编著

出版发行 浙江教育出版社
（杭州市天目山路40号 邮编:310013）
图文制作 杭州兴邦电子印务有限公司
印 刷 北京博海升彩色印刷有限公司
开 本 787mm×1092mm 1/16
印 张 10.5
字 数 210千字
版 次 2017年5月第1版
印 次 2019年4月第2次印刷
标准书号 ISBN 978-7-5536-5704-2
定 价 38.00元